ニッポン制服百年史

女学生服がポップカルチャーになった！

森 伸之 監修
内田静枝 編著

河出書房新社

江口寿史画「はじめて投票するあなたへ、
どうしても伝えておきたいことがあります。」
ブルーシープ　2016 ©Eguchi Hisashi

目次

平成という時代が終わろうとする今、平成とはどんな時代であっただろうかと日本国民が思いを巡らせています。そんななか、多くの方の頭に浮かぶのがコギャルと呼ばれた女子高生の姿ではないでしょうか？　スカートを思い切り短くし、ルーズソックスをはき、茶髪をなびかせながら、繁華街を闊歩していた彼女たち。世間の注目を集め、彼女たちのようになるための「なんちゃって制服」も登場しました。

学校制服とは、その人がその学校の生徒であることを内外に示すものです。「ユニフォーム」ですから、皆が同じデザイン・色・素材のものを着るのが基本です。しかしながら、それを着るのは他人の目が気になる年頃の女の子。スカート丈を上下させたり、リボンやネクタイの結び方を工夫したり、ちょっとした着こなし方の違いで自分なりのおしゃれを楽しみ、個性を主張するのです。時にはグループで同じ着こなしをすることで仲間意識を強めたりすることも。

平成のコギャルは、こうした着こなしによる自己表現がエスカレートしたものでしょう。自分の身長ほどもあるスーパーロングなルーズソックスや、脱色したパサパサの髪に白いクレヨンで顔にお絵描きをしたような〈ヤマンバ〉などは、今から思えば珍奇な風俗でありますが、制服だけれども個性を発揮したい、そして仲間とは同じでありたい、という乙女心が根底にあってのものなので す。

一方で、平成の女子学生たちは、学校を飛び出し、外へ向かって自分たちを表現しはじめました。マスコミや男性からの注目が集まったことで、時代の寵児としての万能感に酔いしれていた点は否めませんが、十代の少女たちが、着崩した制服を共通のアイコンとして自分たちの存在を強くアピールしたことは、日本の女性史において、大きなターニングポイントになったと思います。

また、平成は多種多様な制服デザインが誕生した時代でもありました。昭和末に東京のある女子校が「ブレザーとチェックのスカート」を制服に採用したことで、平成時代に〈制服モデルチェンジブーム〉が巻き起こりました。制服メーカー各社はコンペを勝ち抜くために色・柄・デザインに創意工夫を凝らし、生徒が、学校が、父兄が吟味を重ねたことで、学生服はどんどんブラッシュアップされました。その結果、日本の女学生服は〈ティーンエイジャーの魅力を輝かせる服〉へと変貌したのです。

〈可愛い制服〉はイラストレーション、アニメーション、漫画、映画、テレビドラマ、そしてアイドルの衣装などに欠かせない要素となりました。やがて、それらが海外にも紹介されたことで、今や日本発信のポップカルチャーとして海外からの注目も集めています。

本書は日本で初めて洋装学生服が導入された1919年（大正8）から、現在に至るまでの、日本の女学生服の百年をたどっています。本書をお読みいただくことで、日本に学生服がすっかり定着したこと、そして、平成の30年間で、他国に類を見ないほど、ユニークな発展を遂げたことがおわかりいただけると思います。

「平成は制服の時代だった！」

きっと、こう思っていただけるでしょう。

制服業界関係者、気鋭の研究者・文筆家の、エッセイやインタビュー記事も満載しています。私たちの生活にあたりまえのようにある〈学生服〉について、新たな視野が開けることでしょう。

制服を愛する心をくすぐる、珠玉のイラストレーション・漫画作品もお楽しみください。

平成31年3月

内田静枝

江口寿史
制服美少女セレクション

日本の女学生服が
ポップカルチャーになった！
問答無用！
見ればわかる！
今や「KING OF POP」として
世界的に活躍する江口寿史が描く
ニッポンの女学生。

［上］『月刊フレッシュジャンプ』
1984年3月号表紙 集英社
［左］「ラッキーストライク」
予告（未使用）1996

［2点とも］
RKK 熊本放送開局 60 周年
「RKK BOYS&GIRLS
キャンペーン」イラスト
RKK 熊本放送 2013

江口寿史［えぐち・ひさし］

1956 年、熊本県生まれ。1977 年『週刊少年ジャンプ』にてデビュー。代表作に「すすめ!! パイレーツ」「ストップ!! ひばりくん！」など。斬新なポップセンスと独自の絵柄で漫画界に多大な影響を与える。1980 年代からはイラストレーターとしても多方面で活躍。2015 年、画集『KING OF POP』（玄光社）を発表。それにあわせキャリア初となる全国巡回の作品展を 1 年半にわたり開催。著作多数。

MIKI
ERIKA

［4点とも］ゲーム「リアルエイジ」キャラクター設定 プレイステーション 1997 ©Eguchi Hisashi

［右］雑誌『月刊タウン情報 クマモト』熊本地震応援イラスト 2016
［左］ムック『ハロー！ チャンネル』vol.8（カドカワムック）裏表紙 キッズネット 2012

Gibson
Eguchi

ずっといっしょ！
制服オリジナルリカちゃん

実在する学校の制服を
リカちゃん人形に着せた
〈制服オリジナルリカちゃん〉が、
各学校の同窓会を通じて企画販売され、
人気を博しています。
2017年に発売50周年を迎えた
タカラトミー社のリカちゃんは、
日本女性にとって、
ただの玩具ではありません。
世代を超えて愛され、人生に寄り添う
友人のような存在となっています。
リカちゃんによせる思いと、
母校の制服によせる思いは、
どこか通じるものがあるのでしょう。
細部までこだわったミニチュアサイズの
制服を着たリカちゃんは、
元女学生たちの心をわしづかみにしています。

★群馬県立伊勢崎清明高等学校（冬服）

★群馬県立伊勢崎清明高等学校（夏服）

★千葉県立千葉女子高等学校（夏服）

★宮崎県立宮崎大宮高等学校（冬服）

★宮崎県立宮崎大宮高等学校（夏服）

リカちゃん［りかちゃん］

タカラトミー（当時タカラ）製の着せ替え人形。1967年（昭和42）の誕生以来、50年以上にわたって愛されている。ドレスやメイクアップ、ヘアアレンジやおままごとで3歳から遊べるが、大人向けのラインナップもあり、幅広い層の心をとらえる。有名ファッションブランドやキャラクターとのコラボレーションも行っている。
女児向け玩具の枠を超えた国民的な人気を誇るため、企業広告に起用されるなどタレントとしても活動している。SNSは毎日更新。老舗の制服メーカー明石スクールユニフォームカンパニーとのコラボレーション企画で制服ブランド“Licca FUJIYACHT”も展開している。

図版提供：株式会社タカラトミー
株式会社サラト（https://salat.co.jp）

★福島県立葵高等学校

★福岡県立福岡中央高等学校（冬服）

★福岡県立福岡中央高等学校（夏服）

山脇学園のワンピース式
制服を着て。

Part 1

ニッポン 女学生服 History

日本の女学生服といえば
スカート姿が当たり前ですが、
洋服の制服が誕生したのは
今から百年前の1919年（大正8）。
それまで日本の女学生の通学服は和装でした。
日本初の洋装制服である
山脇《やまわき》学園のワンピース式制服の誕生を中心に、
日本の女学生服のはじまりから、
制服廃止運動が起こった
1970年（昭和45）頃までの
女学生服の流れをたどります。

1920~

日本初の洋装制服
山脇学園のワンピース式制服

日本初の洋装制服が誕生したのは今から百年前、山脇《やまわき》高等女学校のワンピース式制服といわれています。

ワンピース式制服の制定の由来を知るべく、東京都心・赤坂《あかさか》にある山脇学園をお訪ねしました。

制定当初からほとんど変わらぬ永遠のデザイン。

百年変わらぬ奇跡のデザイン

濃紺のワンピースをバックル付きベルトでウエストマークし、白い襟《えり》と白いカフスでコントラストをきかせた清楚《せいそ》なスタイル。山脇生といえば、すぐ思い浮かべるおなじみの制服姿だが、これが誕生したのは今から百年前の1919年（大正8）のこと。驚くべきことに、ほとんどモデルチェンジをせずに現在まで受け継がれている。つまり、大正時代の女学生も、平成最後の女子校生も、ほぼ同じ制服を着て通学しているのだ。山脇学園の制服は、日本初の洋装制服であるだけでなく、デザイン的に優れた制服なのだ。

制服にこめる熱い想いを山脇学園同窓会理事長の安達信子氏にうかがった。

「ワンピース式制服は山脇生の誇りです。皆、制服が大好きで、この制服を着たくて入学する方も多いのですよ。親子二代、三代でこの制服を着る方もいます」。

校舎の全面改築にあわせて2013年

（平成25）に制服をリニューアルし、グレーのジャケット、紺のスカート、セーター等を導入し、組み合わせの幅を持たせた際にも、伝統のワンピース式制服を廃止しようという意見はまったく出なかったという。ワンピース式制服は第一制服として今なお健在で、入学式、卒業式等、式典の際には皆がこれを着用する。もちろん普段の登校時に着用することも可能だ。

　ワンピース式制服に加えて山脇生の特徴としてよく知られているのが「おでこを出した三つ編み」である。現在はこの髪型規定はなくなり自由となったが、卒業式ともなると生徒が自主的に三つ編みを結んで参加するという。

「10月の体育祭で高校3年生が『ペルシャの市場』というダンスを踊るのが伝統行事なのですが、そのあたりから皆、髪を伸ばし始めます。卒業式には8割～9割の生徒が三つ編みに第一制服のワンピースを着て臨みます。私の思い込みかもしれないけれど、山脇のワンピースには三つ編みが一番似合うの。伝統がうまく後輩たちに引き継がれているのが嬉しいです」。

　中学・高校の6年間を過ごした愛校心が、〈ザ・山脇〉というべきスタイルに結晶するのだろう。

［左］2013年（平成25）に制服をリニューアルした際には、背中にダーツを寄せ、3D裁断で立体的にシルエットを整え、より着心地を良くした。生地もウール100%からポリエステル混に変更し、軽い着心地を実現した。
［右］メタリック感のあるベルトのバックル。リニューアル後は動きやすいよう少し小ぶりに、また角に丸みをもたせた。

身だしなみを整えることを教わった

　濃紺と白のコントラストの効いた、ファッショナブルな制服だが、山脇学園の制服を着ることで学んだのは身だしなみを整えることであったと安達氏は強調する。

　白襟と白カフスは取り外せるようになっており、なんと、それらを毎日、洗い立てのものに付け替えるのだそうだ。「学校から帰ると、まず母が、ほら、襟とカフスを外して！　洗うわよ。なんて

（笑）」。

たしかに、学校生活において純白のカフスを保ち続けるためには、相当マメな手入れが必要で、それを習慣化しなければならないだろう。

安達氏の時代は制服を同時に2着購入する生徒が多かったという。

「育ちざかりで身長が伸びるでしょう？ 常に体に合ったサイズで着られるように、こまめに手直しをしていたのです。1着を洋服屋さんに出している間、もう1着を着るのです」。

なるほど。成長にあわせて2着を代わる代わる調整しながら大切に着ることは、決して贅沢ではなく、理にかなったことであるかもしれない。当時は洋裁店が週3回ほど校内に常駐しており、生徒からのオーダーを受けていたという。

安達氏は語る。

「山脇の制服を着ることで学んだのは、身だしなみを整えることの大切さです。人に不快感を与えないこと、きちんとした場ではきちんとした身なりをすること。卒業生はこれが身についています。これらは山脇房子先生から教えていただいたことです」。

初代校長・山脇房子がデザイン

理事の竹内祐二氏に校内を案内していただいた。すぐに、白い影像が目につく。初代校長の山脇房子（1867〜1935）である。

「房子先生の前では、一旦立ち止まって一礼するのが習慣になっているの」。

安達氏はほほ笑む。日本の女子学校教育の黎明期《れいめいき》を担った初代校長は、今なお尊敬を集めているようだ。

校内を歩くと、学校の各所に富士山を描いた絵画や、ハートマークの意匠が見受けられることに気づく。竹内氏が解説してくださった。

「ハートマークの中に富士山をあしらったのが山脇学園の校章です。ハートと富士山はいわば山脇のシンボルですね」。

竹内氏によると、校章が制定されたのは1906年（明治39）、デザインしたのは山脇房子自身であったという。昔の生徒写真を拝見すると、着物の襟元にはハートマークの徽章《きしょう》が光る。

「明治時代にハートだなんて、モダンでおしゃれだと思いませんか？」と安達氏。

山脇房子は優れたデザイン感覚を持った人であるようだ。何といっても、百年変わらぬ山脇のワンピース制服のデザイ

［左］山脇房子。
［上］ハート型に富士山があしらわれた校章。

ンを先導したのは、校長である房子自身なのだ。

洋装制服が生まれた理由

　ここで、一旦、山脇学園の創設のいきさつをひもといてみたい。

　日本に女子のための学校が設立されたのが明治の初頭。１８７０年（明治3）に横浜にミス・キダーの学校（現・フェリス女学院）が、築地《つきじ》居留地にA六番女学校（現・女子学院）が設立されたのを皮切りに、外国人宣教師によるミッション・スクールが各地に開校した。

　続いて、１８７２年（明治5）には官立の東京女学校が開校。私学としても１８７５年（明治8）に跡見《あとみ》学校（現・跡見学園）等が続々と開校。１８８８年（明治21）には政財界からの求めに応じて東京女学館《とうきょうじょがっかん》が開校するなど、女子学校教育の充実を求める動きが活発化した。

　そして、１８９９年（明治32）には高等女学校令が公布されたことで制度化が進み、女子の中等教育機関である高等女学校が大きく拡大していった。

　山脇高等女学校（開校当初は女子實脩《じっしゅう》学校）が開校したのは１９０３年（明治36）。女子教育機関が「家塾」から「学校」へと変貌を遂げたその流れにのって誕生し、発展したといってよいだろう。初年度は本科25名、専修科５名であったが、その3年後には生徒１４５名に、１９０８年（明治41）に山脇高等女学校に改称した時点では定員は本科３５０名、家事専攻科１５０名にのぼった。家事教育を中心として、近代的な交際術を伝授し、中・上流家庭の主婦育成を目的とした山脇高等女学校は人気を集めた。１９２０年（大正9）には校舎も増築し、定員９００名の規模の女学校に成長したという。

　１９２０年（大正9）というと、ワンピース式制服制定の翌年である。山脇高等女学校の躍進と制服制定には何か関連があるのだろうか？

　お茶の水女子大学の難波知子准教授に教えていただいた。

「山脇では洋装制服を作ると、新聞に写真を掲載して大々的に宣伝しています。私立の女学校が増えてきた中で生徒を集めるためには何か目玉が必要になります。当時は洋装制服を採り入れることが、進んだ考えを持つ学校であることを端的に示す、最も有効な手段だったわけです」。

　なるほど。世間をあっと言わせた洋装制服の採用は、跡見、三輪田《みわだ》、東京女学館ら先行する女学校、そして続々と開校する新しい学校と差別化を図る、一大PR作戦であったのかもしれない。学校のブランディングに洋装制服の果たした役割は大きかったのだろう。

明治・大正中期の女学生服

　ところで、山脇学園の洋装制服以前の女学生服とはどのようなものだったのだろうか？

　明治初期の女学生は、当時の一般女性と同じく着物に帯という和装姿で通学していた。官立女学校で男性と同じ形の袴《はかま》（脚が左右に分かれたズボン状のもの）の着用が推奨《すいしょう》されたこともあったが、これは不評であり、短期間のうちに廃《すた》れた。

1880年代、鹿鳴館《ろくめいかん》時代を迎え、宮《きゅう》中《ちゅう》の正装が洋装に定められると、それに準じて官立師範学校の生徒も洋装着用が義務づけられた。これにより、バッスルスタイルの女学生が登場したのだが、鹿鳴館時代の終わりとともにすぐに廃れ、やはり元の着流し姿に戻ってしまった。天皇陛下を筆頭に、政治家、軍人など、男性の洋装化はトップダウンで進められたが、当時の女性の洋装姿はコルセットでウエストを締め上げたスタイルだったこともあり、和装に戻ってしまったのである。

一方で、富国強兵のスローガンのもと、強い日本兵を産むために日本女性の体格向上をめざし、体育教育を推奨する声があがり始めた。固い帯で胴体を締め付け、裾の乱れを気にしなければならない和装は、運動には適さない。

そこで考案されたのが〈女袴《おんなばかま》〉であった。現在でも卒業式シーズンによくみかける「はいからさんスタイル」だ。男袴と異なり女袴はスカート状である。短く着付けた着物にロングスカートを被せたようなものであるから、裾の乱れを気にせず、体を大きく動かすことを可能にした。また、帯を締めなくてよいため、体の発育を妨げることがなかった。1899年（明治32）ドイツ人医師・ベルツが女子高等師範学校にて女袴の着用を推奨する講演を行うと、全国各地の女学校に袴姿が一気に広まったという。

袴を長くはいて白足袋と草履《ぞうり》を合わせる〈和風〉の着こなしだけでなく、短い袴にタイツとブーツを合わせる〈洋風〉の着こなしもバリエーションとして加わった。自転車の走行も可能にした。

着流しの和服に比べて格段に動きやすくなった袴姿であったが、明治末期になってくると、この袴姿も見直す動きが

袴に編み上げ靴の専攻科生（1921年［大正10］）。洋装制服制定以前は、こうしたスタイルで通学していた。

全国各地で活発になってきた。和服の長い袂《たもと》は運動には適さないと、まずは和服に動きやすさを求めた「改良服」が検討されたようだ。長い袖を筒袖《つつそで》にし、袴の内側をボタンでとめるとズボン状になる、裾の紐を絞るとブルマー状になるなどさまざまなアイデアが出された。しかし、和服をベースにした改良服は美的であるとはいえず、定着するには至らなかった。

そうした試行錯誤《しこうさくご》の末、時をおいて、颯爽《さっそう》と登場したのが山脇高等女学校のワンピース制服だったのだ。

イギリスの女学生服を参考に

山脇学園の洋装制服制定の経緯については、当時の婦人雑誌（「生徒の自発に生れた制服」『婦人画報』1925年1月1日号）によせた房子の談話に詳しい。

和服の改良について、房子は早くも明治28、29年頃から必要を痛切に感じ、研究をしてきたという。和服から洋服への移行は一足飛びにはゆかないので、まずは体格や習慣の近い朝鮮人や中国人の服装の長所を和服に採り入れようとした。けれども、女性の衣服は美的価値がなくては受け入れてもらえず、この時は頓挫《とんざ》した形で終わってしまったという。

しかし、時を経て、再び、房子は服装改良に取り組むことになる。そこには第一次大戦後の経済不況が影響していたようだ。「日本の『キモノ』は非常に不経済で失費のかさむものであります」と房子は述べる。

すなわち、和装の場合、着物と袴が必要だが、袴はともかく、上に着る着物は複数枚必要である。年頃の女の子同士であるから、質素なものを推奨しても、どうしても張り合って華美なものを求めたがる。また、汚れた際には、洗い張りに出さなくてはならないので維持費もかかる。房子いわく、姉妹2人を山脇におくとしたら、一学期に衣服費だけでも150、160円もかかるとのこと。

山脇学園に残る文献（『創立五十周年記念

[右] 1936年（昭和11）の卒業アルバムより。
[左] 教員も白襟のワンピースを着ている。

学園のあゆみ』）によると、こうした状況を受け、和服を廃止して洋服にすべきであるという意見が一気に盛り上がったのが1919年（大正8）の夏であった。房子自身が大変に乗り気になったのだという。

房子はこう語る。「英国女学生の服装がいかにも質素な中に高尚な古典的なものがあるので、それ等を参考にして考案し見本として一、二着型をとって裁縫の先生につくらせ、生徒の一人に着せて見ましたところ、私自身が意外に思う程大変よく似合って、殊にその新装を見た生徒たちは、私にも私にも言うように気に入ってしまって、十着二十着という具合に仕立てが間に合わぬ位いになりました。それから三越に頼んで仕立てて貰うことにしましたが、別にこれを一定の型にしようと考えたほどでもなかったのですが、期せずしてその時の趣好に適したものと見えて、父兄の方々も大変賛成して下すって、今ではご覧の通りのユニホームを作ってしまった次第なのです」（「生徒の自発に生れた制服」より）

イギリスの女学生の服装を参考に房子ら学校関係者で試作したところ、大変に出来栄えがよく、房子が着ても似合ってしまい、生徒にも父兄にも好評であったため、いっそのこと制服化してしまったという経緯なのだ。

三越に仕立てを頼んで、紺サージの冬着は一式で29円、白小《しろこ》倉《くら》の夏着は20円。経済面もクリアできた。

もちろん、女性の服装とは美的でなければ浸透しないことを房子は知り抜いている。前出の記事には「特にワンピースを選んだのは、日本人はとかく足が短い上、胴長であるから和服の帯の代りにベルトでウエストをしめて、女らしいやさしい線を出すことに留意した」とある。日本人少女の体形に配慮し、美的にも優れていたため、ワンピース式が受け入れられたのだ。山脇のワンピース式制服が百年も愛される理由はここにあった。

もっとも、東京の街でも洋服を着ている女性が珍しかった当時、恥ずかしがる学生もいたようだ。房子は教員たちにはっぱをかける。生徒が服装を改めたのに、教員が旧態依然とした服装であるのは生徒たちの良い手本にならないと、洋装を奨めた。それでも教員たちが戸惑うと、校長の房子自らが率先してワンピースを着ることになったという。これには皆も従わざるをえなかった。

時代を切り開いたキャリアウーマン

それにしても、この山脇房子という女性、先陣を切って、ワンピースを着るなど何と闊達《かったつ》な女性であろう。どんな人物であるのか知りたくなった。

山脇房子は1867年（慶応3）松江藩士の長女として生まれた。明治維新により幕藩体制が消滅し、士族たちが没落してゆくなか、父親から、勉強すれば女でも偉くなれると激励されて育ったという。やがて、松江に女子師範学校が開校すると一期生として入学。師範学校卒業資格を得る。
その後、松江の宣教師の紹介で仙台のアメリカ人宣教師のもとで半年間英語を学ぶ。1885年（明治18）には上京し、英国人ホールのもとで2年間学ぶ。そして、25歳まで英国人が運営する女子教育奨励会（のちの東京女学館）の教師・カルクス夫人のもとで学んだというから驚いた。房子は、明治の女性としてはきわめて異例の経歴を持つ女性だったのだ。

近代化をめざす上流社会の日本人にとって、欧米の言葉・風習・マナーを学ぶことは必須事項であった。房子は身ひとつで西洋人のなかに飛び込み、自らの才覚でそれらを会得《えとく》し、西洋事情に精通した新しい時代の女性として立身出世を遂げたのだ。

旧幕臣の娘として生まれながらも、倦《う》まず、臆《おく》せず、新しい世界に飛び込んでいった房子。その後、ドイツ留学経験のある山脇玄《げん》（のちに貴族院議員となる）という伴侶を得て、玄に背中を押されて女子教育の実践に邁進《まいしん》した。

バイタリティあふれる山脇房子の存在を知り、胸がすく思いがした。山脇のワンピース式制服が日本最古の洋装制服でありながら、いまなおモダンな輝きを持つのは、美的センスに優れた前向きな女性である山脇房子という女傑がプロデュースしたものだからだと強く感じた。

［上］ワンピース式制服で体操も行った。
（『少女の友』1929年［昭和4］6月号）弥生美術館蔵。
［下］山脇房子の著作『若き女性に贈る』『家事管理』。
教養のある女性をいかにつくるか心をくだいた。
16〜23ページの資料（資料提供：学校法人山脇学園）

山脇学園中学校・高等学校

1903年（明治36）、東京の牛込白銀町に開校。山脇玄が創設し、校長を房子が務める。1935年（昭和10）、赤坂に移転し、現在に至る。中高一貫の女子校である。

1930~

セーラー服が人気に

和装から洋装へ!

山脇高女の洋装制服化を皮切りに、全国各地の女学校で洋装化・制服化の動きがいっせいに起こりました。なかでも人気を集めたのがセーラー服。短期間のうちに日本の女学生服の定番となりました。

記念事業として通学服を洋装化

1920年代、高等女学校の通学服を和服から洋服へと切り替える動きが続々と起こった。女学生の健康面や、父兄の経済的負担を考慮して議論が沸いたのだが、実はこのムーブメントを支えていたのは「女学生自身のプライド」であったかもしれない。

義務教育である尋常《じんじょう》小学校の就学率が

お茶の水高女の標準新型洋服 同校では1930年に5 種類の「標準服」を制定し、生徒自身が選んで着用できるようにした。セーラー型1種、ジャンパー型2種、ワンピース型2種であるが、セーラー型とジャンパー型に人気が集中し、2年後にはこの2種が標準服となった。(『主婦の友』1930年[昭和5]6月号)

ほぼ100%になったものの、その後、高等女学校へ進むものは1920年（大正9）に9%であり、高等女学校に通う学生は女子のエリート層であった。

服装とは、着る人の心が添わないと廃れてしまう。いかに学校や、親が強制しても、着る主体である女学生に愛されなくては洋装制服は定着しない。1920～30年代は、日本の女学生が洋装に対する好奇心や憧れを、形にできる心の準備が整った時代であったといえる。当時の女学生たちは「洋装第一世代」であった。日本女性の日常着が依然として和服であった当時、洋装姿で街を行き交う女学生たちは大変に目立つ存在だった。自分は先進的な新しい時代を生きる存在であるという誇りが、彼女たちに胸をはらせたのだろう。

洋装への切り替えのタイミングは学校によりけりだが、周年記念、校舎の新築等、何かしらの記念事業として行われたようだ。お茶の水女子大学の難波知子准教授によると、1923年（大正12）に「郡制」が廃止されたことで郡立高等女学校が県立高等女学校に昇格した記念に洋装化を進めるケースが多かったという。また、大正末に洋装を一旦導入するものの、吟味した上でセーラー服に改定する例が多かったそうだ。

日本人がまだ洋装に対する知識や経験に乏しかった時代、見よう見真似で服を作り、身にまとっていたのだろう。当時はまず、和装から洋装への切り替え自体が目的だったといえる。

ジャンパー型、ワンピース型、セーラー型、ツーピース型等、いくつか洋服の型が提案されたが、女学生の人気を集めたのがセーラー型だった。一方、へちま襟のジャンパー型は「バスガールのよう」と不評だった。高等女学校の学生にとって、バスの車掌と間違われることは、プライドが傷つけられることであったらしい。

外国人宣教師によるミッションスクールにおけるセーラー服の導入は、1920年頃からと早かったが、服装に関する意識を養い、個性を尊重する意味で、学校側は「制服化」を望まなかった。しかし、父兄や生徒自身の要望で皆が同デザインのセーラー服を着ることになり、結果としてセーラー服が制服化していった。地方の女学校も同様の傾向だったようだ。

女学校の数が急速に拡大しマス化していった1930年代においても、女学生の間では全国的にセーラー服への憧れが強かった。女学生の熱意により、セーラー服が選ばれ、制服化し、女子の通学服として定着したのである。

セーラー服が人気を席巻《せっけん》した背景には、比較的製作がたやすかったこともあるようだ。なかには学校の裁縫の授業で女学生自身が製作したり、上級生が下級生のために製作するという例もあった。

1940~

戦火をくぐりぬけた女学生服

へちま襟にもんぺ

もんぺをはいた女学生。

1937年（昭和12）に日中戦争が始まると、日本は軍国主義への道をひた走ってゆきます。戦時下の耐乏生活の影響は女学生服にも及び、粗雑な素材によるセーラー服を強いられたり、セーラー服そのものが禁じられたりもしたのです。

県単位でセーラー服を統一

セーラー服が女学生服として圧倒的な人気を集めるなか、県単位でセーラー服のデザインを統一する動きが出てきた。1933年（昭和8）に広島と群馬、1938年（昭和13）に栃木、1939年（昭和14）年に静岡など。

こうした県単位によるセーラー服の統一の背景には陸軍被服廠《ひふくしょう》が関与しており、戦時体制の影響があった。1931年（昭和6）に満州《まんしゅう》事変が起き、1937年（昭和12）の日中戦争、そして1941年（昭和16）末の太平洋戦争開戦と、臨戦《りんせん》態勢が続くなか、繊維製品は軍需品を優先し、民間の被服は制約を受けるように

1952年（昭和27）3月の
卒業アルバムより。

なったのだ。女学生服がセーラー服に統一された背景には、女学生の間で人気が高いことに加え、他のデザインに比べて服地が節約できる利点があった。

１９３８年（昭和13）には綿製品製造販売禁止令が出され、粗雑な化学繊維であるステープル・ファイバー（通称スフ）混紡の生地で女学生服が製作されることになった。スフ混の服地は洗うとすぐ縮み、ヨレヨレになってしまうため不評であったという。手を尽くして純綿の服地を調達した生徒もいたようだ。

１９３９年（昭和14）になると、全国の女学生服を統一しようという動きも見られた。

１９４１年（昭和16）になると、女学生たちを落胆《らくたん》させる出来事が起きる。文部省の通達により、全国統一型のへちま襟の上衣が定められたのだ。わずか1年の違いで憧れのセーラー服を着られなくなった女学生たちのショックは大きかった。女学校の学校史にはへちま襟に対する恨みつらみを綴《つづ》った文章が記されるケースが多い。

１９４２年（昭和17）にもんぺが婦人標準服として発表されると、女学生たちはもんぺを着用した。ここに、セーラーかへちま襟の上衣にズボン状のもんぺを合わせるという珍奇なスタイルが誕生した。数年前までは、女学生の象徴であったセーラー服姿は遠いものになった。しかし、命があるだけありがたかった。女学生たちは、耐えた。

戦争が終わっても混乱は続いた。ここに1枚の写真がある。東北地方のとある町の女子校の卒業写真である。終戦から7年経った、１９５２年（昭和27）3月のものだが、女子高生たちはまちまちの服装をしている。セーラー型を着ている学生も見受けられるが、形は微妙に異なる。栄えある卒業に臨むにあたり、それぞれが精いっぱいの気持ちで整えた服装なのだろう。揃いの制服ではないが、少女たちの顔は明るい。

1950～

「中学校」新設
制服がみんなのものに！

終戦後、日本の学校教育は大きく変わりました。それまで小学校の6年間だけだった義務教育に、3年間の「中学校」が新たに加えられたのです。中学校では制服を定める学校が大多数であり、これにより、学齢期にある日本人のほとんどが制服に袖を通す時代が訪れました。

同じ頃、化学繊維が開発され、男子の詰襟《つめえり》学生服やセーラー服などの既製服化が進み、学生服は制服メーカーによる大量生産時代に入りました。

「中学校」新設。学生服は国民服に

本書ではこれまで義務教育を終えた女子が任意で進学する高等女学校の制服について述べてきた。しかし、敗戦後はGHQの主導で従来の学校教育制度が解体され、高等女学校は消滅する。

旧制度では小学校の6年間だけだった義務教育に男女共学の中学校3年間が加わり、新制度においては義務教育が6年から9年に延長されたのだ。そして、義務教育終了後の教育機関として3年間の高等学校が置かれた。旧制中学校（男子）と高等女学校（女子）は「高等学校」へと改変されたので（多くはのちに共学化された）、旧制度に男女共学の中学校3年間が挿入された形になる。

「15でねえやは嫁にゆき」という童謡の歌詞があるが、戦前の子どもは早くから大人の世界に入った。尋常小学校卒業後は2年制の高等小学校に通うなどしたあと、女子であれば女中や女工になったり、家事手伝いをしたり、そして10代で結婚して子どもを産んでいた。それが15歳までは子どもでいられる時代となったのだ。

もっとも、学制改革はすぐになされたわけではなく、旧制度と新制度が混在した期間もあり、新制度に一本化されたのは昭和25年（1950）度からである。また、衣食住が極度に不足した終戦直後の混乱期には、各人が用意できたものを着て学校に通学するという状態も続いた。

やがて、世の中が落ち着くにつれ、多くの中学校が「制服」を導入し始めた。これにより学生服は質・量・価値において劇的な変化を遂げる。つまり、小学校を卒業した12歳～15歳の子どもがおしなべて制服を着るようになったのだ。学生服は一部のエリート層が着る「高嶺《たかね》の花」ではなく、学齢期にある日本人皆が着用する大衆的な服となったのだ。

義務教育における制服化の経済性

義務教育である中学校において制服着用が定着した背景には、学生服が既製服化し、大量生産による価格の低下が進んだことが大きい。恵まれた家庭の子弟が学んだ戦前の高等女学校や旧制中学校とは異なり、中学校はさまざまな家庭環境

の子どもが通う。学生にふさわしいだけでなく、経済的な服と皆に認められてこそ、義務教育に制服が導入可能になるのだ。

戦時中にもんぺになじんだこともあり、その頃は、日本女性の日常着が和服から洋服に変わっていた。家庭で洋服を作るための技術を教える洋裁学校が全国に急増し、洋服は家庭で扱える簡便な衣服になっていたのだ。

小学生男児の詰襟制服

他方、大正中期頃から、小学生男児の間では詰襟《つめえり》着用が広がっていた。大正期は生活改善運動の流れの中で、子ども服を活動しやすい洋服に切り替えようという主張が起こった。大人と違って、子どもの場合は新しい生活習慣にもすぐなじめる。子ども服において洋装化は早くから進んだのだ。

小学校からの指示でないにもかかわらず男児の間で詰襟が普及したのは、動きやすさに加えて、経済的であったことも大きい。男児の詰襟については、1920年代（大正9〜）から既製服が出回り始め、庶民でも入手できる価格が実現していた。男児用詰襟はデザインが単一であるため、既製服化しやすかったのだ。

夏用には霜降《しもふ》り、冬用には黒小倉の生地を用いた。和装よりも丈夫で動きやすく、価格の面でも優位に立つと、またたく間に男児用詰襟が広まった。

既製服の学生服

1950年代（昭和25〜）の中学校では、男子は詰襟、女子はセーラー服が定番だったが、女子にはジャンパースカート型やワンピース型などもあり、デザインにいくつかのバリエーションがあった。

どこの学校の学生であるかは、詰襟のボタンや校章で示した。既製服のサイズも徐々に統一されていった。

化学繊維登場！ 制服業界の隆盛

学生服が国民の間に一気に普及した要因として、化学繊維の開発がもたらした影響も大きい。

1951年（昭和26）、東洋レーヨン（現・東レ）によって合成繊維であるナイロンの本格生産が始まった。ナイロンは摩擦《まさつ》や引っ張りに強く、耐久性が求められる学生服は最適の素材だった。1957年（昭和32）にはナイロンに代わりポリエステルが用いられるようになった。

合成繊維の登場は学生服業界の構造も変えた。学生服製造業は大正中期頃より、岡山県を中心に始められており、家内工業的な工場を含め、多数の業者が存在していたが、東洋レーヨンや倉敷レイヨン（現・クラレ）といった合繊メーカーが系列化を進めた。丈夫で手入れがしやすい合成繊維が主流になったことで、制服業界は拡大した。折からのベビーブームもあいまって業界は活況を呈した。

1960~

日本の学生服を支えた
岡山の制服産業の黄金時代

かつては各自の体形に合わせてオーダーメイドで作られてきた学生服ですが、既製服化が進み、誰もが安価で入手できるものになりました。それを担ったのが岡山県の制服業者です。岡山県で制服産業がさかんである理由についてご紹介します。

学生服のメッカは岡山県である。学生服の約7割が岡山県で生産されており、制服メーカーの多くが岡山市に本社をおく。岡山県内で学生服の製造が始まってから約百年経つが、現在に至るまでつねに全国一の産地であり続けている。

岡山の制服産業のピークは1960年代。県下の制服生産量は1961年（昭和36）に835万着、1963年（昭和38）には1006万着と過去最高を記録している。中学生用だけでなく、高校進学率も上がり、地方によっては小学生の制服化も進んだ。制服メーカーは競って設備を拡張し、大量生産に励んだ。

児島の制服産業

岡山の制服産業の中心地は県南部にある児島《こじま》地域だ（現・倉敷市）。瀬戸内海に面したこの地域は干拓《かんたく》事業によって開けた土地であるため、江戸時代から、塩気に強い綿花が栽培されてきた。また藍《あい》の栽培も始まり、綿の藍染め織物である備中縞《びっちゅうじま》（岡山デニムのルーツ）が生産された。その他、真田《さなだ》紐《ひも》や小倉織《こくらおり》など、丈夫な綿製品の生産で名を馳せた。

明治期に入ると、岡山の綿産業はますます発展する。殖産興業《しょくさんこうぎょう》の気運に乗って県内には紡績《ぼうせき》工場が次々と設立され、繊維産業が栄えた。

大正時代には足袋《たび》の製造がさかんに行われた。1916年（大正5）には足袋の年産が1000万足に上り、全国一の生産量を誇った。1919年（大正8）には2025万足に達し足袋製造はピークを迎える。このように、岡山では江戸時代から綿を生産し、染め、丈夫な綿製品を製造し、販売するノウハウが蓄積されてきたのだ。

学生服製造ことはじめ

学生服が製造されるようになったのは1920年（大正9）頃であったようだ（創始については諸説あり）。ゲートルの製造業を行っていた角南周吉が都会で詰襟を着た子どもをみかけ、学生服の製造販売を思いついたというエピソードが残っているが、

1着1着ミシンで縫製する。昭和30年代の風景。
（写真提供：菅公学生服株式会社）

電車の車体に大きく広告が掲載されている。社名を大きく掲げた営業車も全国を走り回った。（写真提供：菅公学生服株式会社）

大正中期には、洋装化が進んだことにより需要が減った足袋製造業に見切りをつけ学生服製造に乗り出す業者が現れた。

地元産である「厚司《あつし》地《じ》の霜降り」や「ベタ雲斎《うんさい》の足袋地」などは厚手で丈夫な生地で、耐久性が求められる男児服に適していた。そして、複雑な縫製技術を要する足袋製造で鍛えた職人たちがいた。

岡山の制服産業は安価で丈夫な学生服を量産化し、男児用詰襟はまたたく間に全国に普及していった。また、セーラー服等の女児服も手掛けた。1935年（昭和10）には、全国の小学生数に匹敵する枚数の学生服が製造されたという。

戦時中は、軍需工場に指定され、岡山の制服業者は学生服製造を中断せざるをえず、終戦後も原料統制により苦しい時代が続いたが、1950年（昭和25）に繊維の統制が解除されると、岡山の学生服産業は息を吹き返し、戦後の復興と歩みを同じくし、大いに発展していったのである。

1970~

学園紛争がまき起こる
制服自由化の動きが活発に

1960年代末、日本の大学では学生運動の嵐が吹き荒れました。大学運営の民主化等を求めて一部の大学生が先鋭化し、バリケードストライキ等の実力行使も辞さず、大学や警察と激しく対立して社会問題となりました。

その熱気は高校生にも及び、学園紛争が起こった高校もありました。定期試験の廃止や学校行事の改変など、生徒たちが学校側に突きつけた要求はさまざまでしたが、制服を自由を束縛するものとしてとらえたり、男子の詰襟が軍国主義を連想させるとの見地から、制服廃止を求める動きが活発化しました。

学生運動自体は数年で鎮静化し、高校における制服廃止運動は1968年（昭和43）から1969年という限定された期間に起こった出来事といえますが、この時期に多くの公立高校で制服が廃止され、現在に至っています。制服の自由化は問題意識の高い生徒たちが学校側と交渉の末、勝ち取った権利ですが、後輩たちにその重みは伝わっているのでしょうか。

こうした学校の一つである東京都立竹早《たけはや》高校の卒業生で、のちに教員として同校に勤務した細田裕美氏に当時の様子と、現在の学生たちに思うことを語っていただきました。

竹早とセーラー服

◆憧れのセーラー服

昭和40年代（1965～）後半、学区内では辺境の中学生だった私は竹早高校の

なんちゃって制服

私服通学の学校の生徒が、チェックのスカート、ブレザー、ニット等、学生服風の洋服を着て通学する現象がある。生徒は制服と同じ用途でそれらを購入するのであり、入学シーズンともなると、専門店は親子連れでにぎわう。制服は学生の間しか着られないので可愛い制服なら着たい、私服だと毎日の服装に困る、式典や面接時に着るフォーマルウェアが必要、といった理由が背景にはある。

1990年代の女子高生ブームの際に流行した女子高生コスプレとは異なるため、メーカー側は「フリー制服」「セレクト制服」などの名称を提案しているが、定着はしておらず、「なんちゃって制服」と呼ばれることが多い。

制服に憧れていた。

それは、ネクタイがリボンではなく、共布を「竹の子結び」にしたもので、一般的なセーラー服とは一味違った風格のある制服であった。旧府立第二高等女学校の伝統の香りが漂っていた。

入学が決まると、早速、学校の近くの洋服屋で誂《あつら》え、入学式当日は、誇らしい気分で真新しい制服を着用して登校した。しかし、教室に入った途端、我が目を疑った。私服や中学校のセーラー服が多く、あの憧れの竹早のセーラー服を着ている女子生徒は、半数もいなかったからである。そもそもこの時期（1973年［昭和48］）には、自由を求めた学園紛争の結果（成果?）、竹早には制服は存在せず、標準服にすぎなかったのである。

日常の学校生活では、制服派はさらに少なかった。ジーンズとTシャツやセーターのほうが活動しやすく、暑さや寒さにも対応できたからである。制服ファンの私も、春や秋等気候のいい時季以外は私服で通学するようになった。とはいえ、制服を着て学校帰りに寄った自宅近くの商店の年配の女性から「竹早の制服はいつ見てもいいわね」と声をかけられたことや、全校総当たりの球技大会で初戦負けし、時間を持て余してパンダを見に行った上野動物園で、当時はまだ珍しかった外国人観光客に「スクールユニフォーム！」と喜ばれて写真を撮ってもらったことは、今でも忘れられない懐かしい思い出である。

◆時は流れて

卒業して約20年後、教員として母校に戻ることになったが、私を仰天させ、落胆させたのが、「なんちゃって制服」を着ている生徒の多さであった。伝統あるセーラー服か、活動的な私服か、心地よい選択が許されているにもかかわらず、ブレザーにミニスカートという、竹早とはまったく関係のない「制服」を着用することに違和感を覚えずにはいられなかった。セーラー服は真面目すぎるし、私服はファッションセンスが問われて難しい。現代女子高校生のそんな微妙な心理の表れなのだろうか。

都立竹早高等学校　昭和50年（1975）度卒業生

細田裕美

都立竹早高校

1900年（明治33）創立の東京府立第二高等女学校が前身。1948年（昭和23）、学制改革により東京都立第二女子新制高等学校と改称。翌年男女共学となる。1950年（昭和25）、東京都立竹早高校と改称。
1969年（昭和44）、竹早高校にも学園紛争が起こった。しかし、政治的・セクト的色彩が濃かった他校とは異なり、きっかけは教師の不正事件であり、生徒が真剣に竹早高校の活性化を求めて取り組んだものだった。1969年（昭和44）6月5日に生徒会によって出された「生徒権宣言」は平成6年（1994）度まで生徒手帳に記載された。
学園紛争の折に制服は自由化され、「標準服」として男子は詰襟、女子はセーラー服が残る。筍のように複雑に織り込んだ独特タイ結び「竹の子結び」が受け継がれている。

コラム 男子の詰襟学生服

本書ではこれまで女子の洋装学生服の歴史を追ってきたが、男子の洋装学生服＝詰襟学生服の登場は1879年（明治12）と女子より約40年早い。華族《かぞく》の教育機関である学習院にて1879年に、帝国大学にて1886年（明治19）に制服として制定された。

洋装制服の導入において男子と女子とでタイムラグがあるのは、社会における男女の役割の違いに由来するだろう。明治に入るとすぐに軍隊には洋服が導入され（1870年〔明治3〕）、男性の式服は洋服になった（1872年〔明治5〕）が、近代日本の担い手はあくまで男性であり、女性は良妻賢母として家庭でそれを支えることが期待されてきたのだ。

詰襟学生服は軍服をモデルにしたものといわれている。上着の合わせ方によって二つに大別され、学習院のように上着をホック留めしたものは海軍ゆかり、金ボタンで留めたものは陸軍ゆかりといわれている。

詰襟に加え、学生は制帽をかぶった。大学生は帽子の上部が四角になった「角帽」を、高等学校生以下は上部が円形である「丸帽」をかぶった。詰襟と制帽が知的エリート層である学生という身分の記号となった。

詰襟学生服はどれも似通っているため、所属する学校を示す要素として帽子に「帽章」や「白線」が用いられた。

帝大詰襟 1886 年（明治 19）採用（復元品）（写真提供：株式会社トンボ）

森伸之／画 「頌栄女子学院」
『ミッションスクール図鑑』
（扶桑社）収録 1993年

Part 2

1980〜 怒濤のモデルチェンジブーム

1980年代、
日本の女学生服が大きく変わりました。
70年代後半から「ツッパリブーム」が起こり、
80年代は長いスカートが
カッコよいものとされました。
一方で、都会のおしゃれな私立校の女子は
膝丈スカートに目をつけます。
スカートが長くなったり、短くなったり。
めまぐるしく変わった80年代の動きを
イラストレーターで制服研究者の
森伸之氏に語っていただきます。

Essay

東京的女子高生ドレスコードの発生と終焉 ❶

森 伸之

全国の女子高生の制服を路上で観察すること40年。着こなしの変遷を誰よりも知る森伸之氏。イラストとともにご紹介します。

学校制服は特殊な衣服なのか?

港区赤坂にキャンパスを構える山脇学園が日本で初めて洋装の制服を採用したのは、1919年（大正8）のことでした。考現学の提唱者で知られる今《こん》和《わ》次《じ》郎《ろう》と彼のグループが1925年（大正14）におこなった風俗調査によれば、当時もっとも「ハイカラ」とされた銀座でさえ洋服を着た女性は、わずか1％程度。それより6年も前に登場した洋装の制服は、間違いなく時代の最先端をいくファッションでした。

しかしここで注目すべきは、パリでベルサイユ条約が締結されニューヨークでT型フォードが走り回っていた時代に生まれた衣服が、1世紀近く経った今もそのデザインをほとんど変えることなく、現役の学校制服として着続けられているということです。現代において学校制服は、世間の流行から切り離された特殊な衣服なのでしょうか?

独自のドレスコード

学校の伝統を象徴する制服は、基本的に変わらないことを善しとする衣服です。何らかの必要に迫られなければ、あえてデザインを変えることはありません。

一方で、流行に敏感な10代の少女が着る服として制服を見たとき、時代の空気はデザインよりも、むしろその時々の「着こなし」により顕著に現れます。女子高生は画一的に与えられた制服にさまざまなアレンジを加えることで、彼女たちなりの「個性」を主張してきました。そのアレンジはときに学校の規定から激しく逸脱し、大人の目には奇妙に映る通学スタイルが「今どきの女子高生」として、メディアで取り上げられることもありました。

こうした通学スタイルは気まぐれで自由奔放のようにも見えますが、そこには私服と異なる独自のドレスコードが存在しています。たとえば私服のアイテムを制服に持ち込むことに対して、女子高生は常に慎重な態度を取り続けてきました。これは東京の女子高生に、とくに強くみられる傾向です。制服にスニーカーを合わせたりリュックを背負ったりすることは、「修学旅行で上京してきた田舎の中学生」的なセンスとして否定されてきました。どんなにお気に入りのスニーカーやリュックを持っていても、制服を着るときにはハルタのローファーを履きスクールバッグを肩掛けにするのが、伝統的な「東京的女子高生」のマナーなのです。

　とはいえ、私服の流行と制服の着こなしのあいだに何の関係性もなかったわけでもありません。女子高生の通学スタイルの変遷をたどってみると、特定の私服の流行が制服の着こなしに少なからぬ影響を与えた形跡をいくつか見つけることができます。

　そして現在に目を向けたとき、東京の女子高生を長年のあいだ縛ってきた制服のドレスコードが、ここに来て徐々に緩みはじめていることにも気づかされるのです。昭和と平成をまたぐ約40年間を、学校制服の視点から振り返ってみましょう。

80年代はじめの東京における3種類の着こなし。
左から、ブランド校、ヤンキー、マジメ。

長いスカートから短いスカートへ

　1980年代半ばは、女子高生の制服がデザインと着こなしの両方で大きな転換期を迎えた時代でした。デザイン面では「制服モデルチェンジブーム」の始まりにあたり、着こなしでは長いスカートから短いスカートへと生徒の嗜好《しこう》が文字どおり180度転換した時期にあたります。学校制服を日本中の学校に供給する業界の中心地は岡山県でしたが、こうした変化において中心的役割を果たしたのは東京の私立高校であり、そこに通う女子高生たちでした。

　生徒が学校から与えられた制服を比較的素直に着ていた1970年代前半を経て、70年代後半から1980年代前半は「スカートは長いほうがおしゃれ」という価値観を全国の女子高生が共有していた時代でした。いわゆるツッパリ（関西圏ではヤンキー）文化の影響です。

　いっぽうで、この流れに乗らず独自の道を歩む女子高生もいました。青山学院《あおやまがくいん》や慶應女子《けいおうじょし》といった都心の私立校に通う生徒たちです。周囲の女子高生が長いスカートとくるぶし丈のソックスを履いていた1980年代前半に、青学や慶應の生徒は膝丈のスカートにハイソックスというスタイルを確立していました。

　彼女たちがお手本にしたのは、同じキャンパスに通う女子大生のファッションでした。ポロシャツに膝丈の巻きス

カート、そしてハイソックス。雑誌『JJ』が横浜元町《もとまち》発祥の最新ファッションとして提唱したこのスタイルは「ハマトラ」と呼ばれ、80年代初頭に女子大生のあいだで大流行しました。健康的で学生らしい清潔感があるハマトラは、女子高生にとっても制服に応用しやすいスタイルだったのです。

ミニ丈の制服スカートを見慣れた現在の私たちからすれば、当時の彼女たちのスカート丈はごく控え目で、むしろ長めにさえ思えるかもしれません。しかし全国の女子高生が規律検査と闘いながらスカートの裾を1㎝でも地面に近づけようと頑張っていたこの時代に、「スカートは短いほうがかわいい」という価値観を打ち出したことは画期的でした。スカートとハイソックスの間からのぞく膝頭は、制服の着こなしに新しい時代が来ることを確実に予感させたのです。

1980年代半ばに始まる制服のモデルチェンジブーム

もっとも1980年代前半において、こうした着こなしを自発的におこなっていたのは、まだ都心の一部ブランド校に限られていました。新時代の予感を現実のものにしたのは、80年代半ばに始まる制服のモデルチェンジブームでした。

ブームのきっかけとなったのは、80年代前半に相継いで制服を変更した港区の頌栄《しょうえい》女子学院と千代田区の嘉悦《かえつ》女子（現・かえつ有明）でした。エンブレム付きのブレザーにタータンチェックのスカートという新鮮なスタイルに注目が集まりましたが、膝丈のスカートにハイソックスというバランスは、都心の一部の女子高生が自発的におこなっていた着こなしを、学校側があらかじめ制服のデザインに組み込んだものともいえるでしょう。

この2校のモデルチェンジは大成功を収めました。とくに嘉悦女子は制服人気から受験者数が大幅に増え、数年のうちに偏差値が上昇し、東京を代表する人気校へと上り詰めます。この成功は東京そして全国の高校に大きな影響を与え、同じようなコンセプトの制服にモデルチェンジする学校が激増しました。こうして90年代の初め頃には「膝丈スカートにハイソックス」が定番の制服ファッションとなったのです。

＊続きは70ページに掲載しています。

コラム　変形学生服

1970年（昭和45）〜80年（昭和55）頃にかけて流行したのが変形学生服だ。通常の詰襟やセーラー服のプロポーションを大幅に改変したもので、いわゆる「ツッパリ」とよばれる学生たちが愛好した。

男子学生は、学ランの丈が長い「長ラン」か、逆にウエスト丈までコンパクトに詰めた「短ラン」を着た。カッターシャツを着ず、前ボタンを留めずに派手な色のTシャツやタンクトップ等を見せた。ズボンは「ボンタン」や「ドカン」と呼ばれる極端に太いズボンをはいた。女子学生はおへソが見えそうなほどに短いセーラー服と足首に届くほど長いスカートが定番だった。ソックスはくるくると足首まで短く丸めた。男女とも、薄っぺらに改造した学生カバンをヒラヒラと持った。

周囲を威《い》嚇《かく》するかのように大きくプロポーションを改変した変形学生服は正規の学生服店では販売しておらず、変形学生服専門店で購入する必要があった。制服業界はこうした業者を駆逐《くちく》すべく「標準型学生服」を定めて業界からの締め出しを図った。ツッパリ学生の活躍を描いたテレビドラマや漫画がヒットして社会現象となったことで、一般の学生たちも彼らを羨望《せんぼう》のまなざしで見ていた。しかし、1985年（昭和60）頃からブレザースタイルが新しく登場すると、ツッパリスタイルはたちまち廃れた。

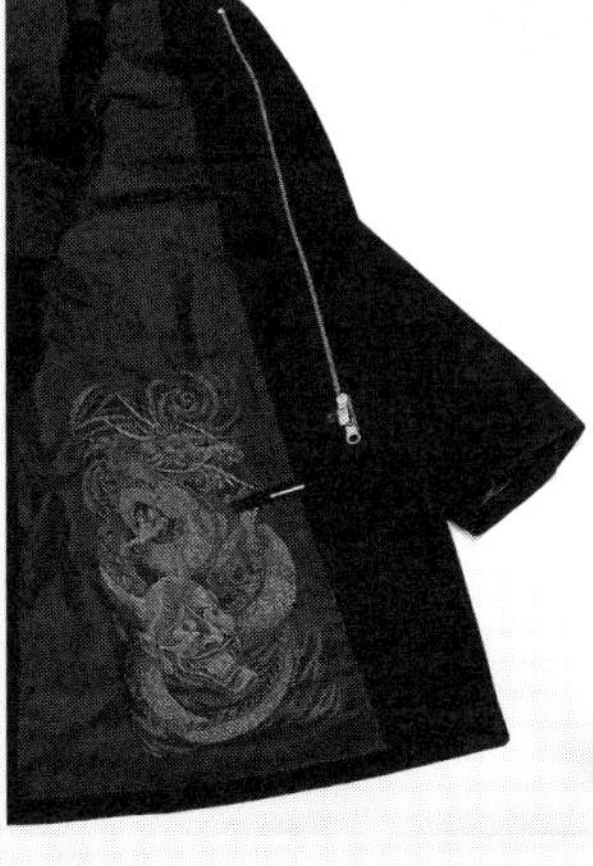

［右］スケ番スタイル。（写真提供：株式会社トンボ）
［左］学ランの裏には毒々しい刺繍が施されることもあった。（写真提供：株式会社トンボ）

Essay

女子校生がみんなお嬢さまになっちゃった!?

森 伸之

1985年（昭和60）刊行のベストセラー『東京女子高制服図鑑』を皮切りに、女子高生の制服に関する著作を刊行し続けてきた森伸之氏。1980年代半ばに始まる「制服モデルチェンジブーム」によって都内女子校の勢力地図が変化していく様子を記録した1993年（平成5）のレポートです。

都立中央図書館の〈サロン〉

営団（現・東京メトロ）日比谷線の広尾《ひろお》駅から歩いて数分。有栖川宮《ありすがわのみや》記念公園を見下ろす丘の上に建つ都立中央図書館は、ある一部の高校生たちにとって、長い間「特別な場所」だった。一部の高校生というのは、たとえば男子校では、すぐ近所にある麻布《あざぶ》、日吉《ひよし》の塾高（慶應義塾）、早稲田学院、芝高校など。一方女子校では、東洋英和、東京女学館、女子学院、聖心《せいしん》、雙葉《ふたば》、頌栄《しょうえい》など。つまり、世間一般に「名門進学校」とか「お嬢さま学校」といったブランドイメージを持たれている、有名私立高校の生徒たちだ。

図書館の5階に、食堂がある。階下の閲覧室《えつらんしつ》に席を確保し

優雅なタイがトレードマーク
東洋英和女学院(左)
東京女学館(右)
の2校.
胸元の八重桜のマークが目印. 学習院女子

伝統・学力・制服人気を兼ね備えた、東京を代表する名門女子校。

たあと、ここに集まってとりとめのない雑談をするというのが、彼らの典型的なパターンである。男子校と女子校どうしで友達になるといったことも当然あり、ここで知り合った仲良しグループも多いようだ。定期テストの時期などは、あちこちのテーブルで、そんなグループがにぎやかにおしゃべりをしている。中央図書館の食堂は、いわばブランド私立校の生徒たちがつどう、「サロン」のような場所だったのである。

昭和から平成へ
「ノーブランド女子校」の登場

しかし、その「サロン」に数年前から、ひとつの変化がおこり始めた。いろんな学校の生徒が、勉強そっちのけでおしゃべりに熱中している光景は以前のままだが、聖心や東洋英和や東京女学館といったおなじみの制服に混じって、少なくとも5、6年前なら滅多にこの場所にいるはずのない種類の制服を、あちこちで見かけるようになったのだ。

昭和から平成に年号が変わったあたりから、なぜか「サロン」でその姿が目立つようになってきた、新種の制服。それはたとえば、世田谷区の松蔭、玉川聖学院、新宿区の目白学園（現・目白研心）、千代田区の嘉悦女子（現・かえつ有明）といった女子校である。さらに、学校帰りに寄り道するにはあまりに遠い所にある、北区の東京成徳短大付属（現・東京成徳大学高校）のセーラー服も、最近はよく見かけるようになった。彼女たちはいったい、ここへ何をしに来ているのだろうか。

いや、何をしに来ようと、もちろん彼女たちの勝手である。16歳以上なら誰でも入れる図書館だ。しかし、このような名門校でも進学校でもない「ノーブランド女子校」の大量進出によって、ブランド校の会員制クラブの様相を呈していた「サロン」の雰囲気は、確実に変わってしまったのである。

新種の彼女たちの特徴は、とてもにぎやかで、活動的なことだ。とにかく、よくしゃべる。一昨年あたりから、館内のいたるところに「私語厳禁」の掲示が目立つようになったのだが、これには彼女たちの進出も一役買っているのではないかと思われるフシがある。

そして、麻布や塾高といった男子校生に対しても、彼女たちはなかなか積極的

セーラー服に白いブレザー。目白学園は制服の人気も高い女子校。

なアプローチをかけている。常連の「お嬢さま校」にしてみれば、これは由々しき事態である。今まで考えもしなかったことが、おこっているのだ。

東京の私立校の世界には、昔から伝統や学力によって決定づけられた学校ごとの「格」が、かなり明確なかたちで存在していた。麻布には東洋英和、塾高には聖心、暁星《ぎょうせい》には白百合《しらゆり》、武蔵には女子学院。男子校や女子校に通う生徒たちは、自分たちの「格」をわきまえた上で、それぞれにふさわしいボーイフレンドやガールフレンドを見つける努力をしてきたのではなかったか。中央図書館の「サロン」も、そうしたステイタス感覚に支えられた場所のひとつだったはずである。

しかし、前述のような「ノーブランド女子校」の登場によって、事情は変わった。私立高校の「格」に基づく暗黙の棲み分けを無視して乗りこんで来た彼女たちのおかげで、「サロン」の平穏はかき乱され、「どこだか名前も知らない学校の子が塾高の男の子たちに馴れ馴れしく話しかけてた！」と怒る常連女子高生たちが増える結果になった。

名門女子高にとっては非常に気がかりな、ステイタス・バスターとでもいうべき女子高の登場。そして、従来からあった学校間の棲み分けの崩壊。都立中央図書館でおこっていることは、そのまま東京の私立高校の世界でもおこりつつある事態といえる。率直に言って、現在の東京の私立高校、とくに女子高は、学校そのものの評価と、そこに通う生徒の意識との両面において、かつてないほどドラスティックな変動期を迎えているのだ。

この変動の背景にあるものは、何か。そして東京の私立校勢力図は、これからどのように塗り替えられていくのだろうか。

タータンチェックのスカートと、エンブレムの付いたブレザー登場！

1984年（昭和59）のことである。千代田区のある女子高が、制服のモデルチェンジを行った。法政大学のキャンパスに寄り添うように建つこの女子高は、制服は地味で学力も地味。それでも「日

暁星は7つボタンの学生服で知られる男子校。進学校だがサッカー部の強さも全国レベル。

本最初の私立女子商業学校」という伝統と「怒るな働け」という教訓を誇りにする、堅実な女子高だった。

　ところが、制服をモデルチェンジして以来、この学校は一気に東京中の注目を浴びることになる。新しく制定された制服は、タータンチェックのスカートと、エンブレムの付いたブレザー。当時、一部のミッションスクール以外ではほとんど採用されていなかった、とても斬新《ざんしん》で魅力的なスタイルだった。紺サージの制服ばかりがあふれる東京の街で、この制服を着た女の子たちは、目立ちに目立った。翌年度から、この女子校の入試倍率は急上昇。偏差値ポイントも同時に上昇を続け、そして不思議なことに生徒たちの表情までが、どんどん明るくなっていった。薄化粧にパーマという商業高校定番のスタイルが姿を消し、さらさらの髪の毛からは、朝シャンの香りが漂い始めた。

　現在では、すっかり制服デザインにおける一大ムーブメントになった、タータンチェック。その火付け役となったのが、この女子高である。そして現在おこりつつある私学界の大きな変動の火種も、同じ女子高によって、このときすでに植えつけられていた。

　この学校の名前を、嘉悦女子高等学校という。

　嘉悦が今日のような人気を獲得したのは、もちろん単にタータンチェック制服のおかげだけではない。その背後には、周到な「ＳＩ戦略」の展開があった。ＳＩ（スクール・アイデンティティ）とは、ＣＩ（コーポレート・アイデンティティ）にならった私学の経営戦略である。要するに、自分の学校をより視覚的にデザインしなおすことで、他校との差別化をはかろうというものだ。嘉悦の場合は、制服の変更とともに、バッグやコートなどの関連グッズにもオリジナルのデザインを採用し、さらに校章のデザインも、同時に新しくした。また、これに前後して、併設の短大の名称も、それまでの日本女子経済短大から嘉悦女子短大（現・嘉悦大学短期大学部）へと変更している。

　これら一連の動きが意味するものは、学校のパッケージング全般に対する徹底的な見直しである。これによって、世間一般で半ば自然発生的に作られてきた自分の学校へのイメージをいったん断ち切り、その上で新しいイメージを主体的にコントロールしていこうというのが、ＳＩの狙いなのである。

　嘉悦の成功以来、都内の女子高におこったＳＩブームによって、タータンチェック制服がたちまちのうちに東京中に溢れるという結果になった。同時に、従来の紺サージ制服を着ている女子高生たちをも巻き込んで、女子高制服は、着こなしのレベルでも大きな転換期を迎えることになったのである。

「スタイルとしてのツッパリ」が残る80年代初めの東京

SIの洗礼を受ける以前の東京では、ノーブランド女子高や都立高における制服の着こなしは、まだまだいわゆる「ツッパリ」系の影響を強く受けていた。たとえばセーラー服にしても、セーラージャケットの裾はあくまで短く、スカートの丈はあくまで長くといった着こなしが、依然として女子高生たちの美意識をくすぐっていた時代だった。しかし一方では、駅前にしゃがんで煙草をふかしていたリーゼントヘアの少年が、いつのまにかサーファーに転向してしまうといった時代でもあった。肝心の「硬派なツッパリ」は東京から姿を消し、カジュアル化した「スタイルとしてのツッパリ」が脱け殻のように残っている。80年代初めの東京は、そんな状態だったのである。

モデルチェンジ完了で人気定着のタータンチェック
6 嘉悦女子高等学校
[所在地]千代田区富士見町2−15−1
[交　通]国電・有楽町線・東西線＝飯田橋9分
[生徒数]1,267名
[創　立]明治36年
A ♡ 中
ネクタイも紺と緑のチェック
紺のブレザー
中に紺のセーターを着ることが多い
校章をそのままデザインしたエンブレム
今年から指定された茶色のカバン
スカートは紺と緑のタータンチェック
紺のハイソックス緑色でKのイニシャルがついている
[解　説]頌栄をタータンチェックブームの火付け役とするなら、それを一気に加速したのがこの制服。素敵な制服をつくれば、**ブランド校じゃなくたって人気を呼べるんだ**ということを証明した点において、実はこちらの方がエポックメイキングな出来事だったのかもしれない。ミッションスクール風のデザインのおかげで、商業校の雰囲気は今や微塵もなく、ボーイフレンドに占めるPP濃度〔パンチパーマ率〕も激減した。生徒達も「目立ち過ぎるのもねー」と言いながら、この制服には相当満足しているようだ。

「『制服図鑑』通信」森伸之と図鑑舎（弓立社 1986年）第1巻14ページより。

　ところで、制服のモデルチェンジはしばしば「非行防止」という効果を狙って行われることもあることに、ここで注目しておきたい。教師がよくいう「服装の乱れは心の乱れ」という常套句《じょうとうく》は、シンプルなだけに現在もしぶとく生き残っている考え方だが、この場合の「服装の乱れ」が、いわゆるツッパリ・スタイルを指していることは、生徒手帳の服装規定を見ても明らかだ。多くの学校で、学生ズボンの幅やスカートの長さをめぐり、教師と生徒の間で長年にわたる攻防が繰りひろげられてきた。そして、こうした変形学生服問題に決着をつけるための決定的手段として教師が導入するのが、制服のモデルチェンジなのである。

　モデルチェンジによって狙える効果は、

ふたつある。ひとつは、タータンチェックなどの凝った素材を採用することによって、変形学生服専門業者の介入を防止できること。ふたつめは、従来のツッパリ風の着こなしがどうやってもかっこ良く決まらないデザインに変更することで、着こなしそのものを、生徒の意識の側から変えることができるという効果である。

SIによって制服のモデルチェンジに踏み切った都内の女子高のうち、いくつかの学校ではこうした効果をも期待していたように思われる。だとすれば、その効果は十分すぎるくらいのものだっただろう。つい数年前まで、その外見から「コワイ学校」とか「ツッパリの多い学校」とかいう評判が定着していた女子高の女の子たちが、誰が見てもかわいいとしか言いようのないタータンチェックの膝上スカートに、賢そうなエンブレム付きのブレザーという姿で街を歩いているという意外な光景が、東京のあちこちに見られるようになったのだ。渋谷センター街に集まるオシャレな若者たちの誰もが同じように見えるのと同様に、こうした「元ツッパリ学校」の彼女たちと、青山学院や頌栄女子学院といった名門ミッションスクールの女の子たちとを、見かけで判別することは、一般人には不可能となった。もはや外見上は、彼女たち全員が「お嬢さま学校」なのである。

制服のモデルチェンジによって姿を消したツッパリ（ヤンキー）・スタイル。

それにしても、彼女たちの変わり身の早さを、どう考えればいいのだろうか。前述のように、当時の「ツッパリ・スタイル」がすでにファッションとしての意味しか持たなかったという理由もあるだろう。しかし、むしろ最近の女子高生が、高校生活というものに最初から期待も絶望もしていないから、というのが本当の理由ではないだろうか。昔よりもずっと明るく、こざっぱりとした表情で遊ぶ彼女たちを見ていると、高校生活を、自分に女子高生という「役割」を3年間という期限付きで提供してくれる装置だと割り切り、都合のよいときに、その「役割」を利用しているように思えてくる。たとえば、あの中央図書館への進出も、スカートの長さで教師相手に無駄なエネルギーを消費するよりも、学校が用意してくれたかわいい制服を使って塾高や麻布の男の子と仲良くなった方が得なんだと、彼女たちなりに考えた結果なのかもしれない。

さて、80年代におけるSIブームの意味が、ここでようやく明らかになる。「学力」と「伝統」が、私立高校の「格」を決定する重要な要素であるということは前に述べた。そして女子高の場合は、これに「制服の魅力」が加わった三要素によって、各学校のステイタスが認知されているわけだが、嘉悦が仕掛けたSIブームは「制服の魅力」という要素における従来までの格付けを、徹底的にひっくり返すことになった。「お嬢さま学校」も「地味な商業学校」も「元ツッパリ学校」も、制服の上ではみんな平等、という新しい価値基準が成立し、都立中央図書館の旧勢力である名門女子高が心の支えとする三つのステイタスのひとつは、この時から脅かされるようになったのである。

やっぱりひと味違った元祖タータンチェック
17 頌栄女子学院高等学校
[所在地]港区白金台2－26－5
[交　通]国電＝五反田10分　都営浅草線＝高輪台1分
[生徒数]724名
[創　立]明治17年
A ♡ 十 中
[解　説]6年前の劇的なモデルチェンジ以来、常に注目を浴び続けてきた制服。首都圏の私立高制服に急速に広まりつつあるタータンチェック・ブームのルーツはここにある。
イギリスのパブリック・スクールに通う女の子たちをイメージしたデザイン。腰の右側の小さいベルトとピンで留める、**本格的な巻きスカート**である。深みのある色調や布地の感じは、やはり元祖の貫禄。後発の学校のほとんどがスカートと同じ柄のネクタイなどを指定にしているのに対し、この学校はノーネクタイ。かわりに「ブラウスの第1ボタンは外すこと」という規則がある。
「南極探険隊」とか「エスキモー」とかいわれているフシギなデザインの指定コートがある
ピンタック入りブラウス。上に紺のセーターを着ることが多い
少し明るい紺のブレザー
フリンジつきの巻きスカートがとってもcute！タータンの柄も凝っている。ひざ上3cmより短いと一応注意されるらしい
頌栄オリジナルのハイソックス。カーキ色の微妙な色調がスカートによく合っている。ただし値段はかなり高いという話
聖心とよく似た水色ワンピースの「盛夏服」もある

「『制服図鑑』通信」森伸之と図鑑舎（弓立社 1986年）第1巻29ページより。

「学力」と「伝統」プラス「制服の魅力」

80年代に「制服」という足場を確保した、ノーブランド女子高。しかし「学力」「伝統」という残りふたつのステイタスは、そう簡単に手に入るものではない。実際、制服だけは可愛くなったものの、学力の方は相変わらず低迷を続ける女子高も多い。そんななかで、きわめて注目すべきやり方で成功を収めた、ひとつの女子高がある。品川区北品川にキャンパスを構える、品川女子学院がそれだ。

あの嘉悦と同様に数年前までは制服も学力も地味な存在だったこの学校がSIを導入したのは、平成2年（1990）度

のこと。まず誰もが驚かされたのは、嘉悦以上に大々的な制服の宣伝活動だった。校舎の壁に、ニューモデルの制服を着た生徒の巨大な写真を掲げる。ポストカードを作る。テレカを配る。とにかく派手なパブリシティを、次々に打ったのだ。

　しかし、この学校の戦略は、それだけにとどまらなかった。新しい制服で世間の耳目を引きつけた品川は、翌3年度に校名を「品川高校」から「品川女子学院高等部」に変更するとともに、これまで普通科の一部だった「選抜特進コース」を独立させ、選抜特進・総合・体育・商業の四コース制をとる。さらに4年度には、体育科と商業科の募集を停止し、特進と総合の2コース制に変更。そして5年度からは、総合コースの募集も停止して、ついに特進コースのみの「進学校」に生まれ変わったのである。このアクロバティックな路線変更を水面下で支えたのは、数年がかりで整えてきた、中等部の層の厚さだった。設置学科の整理で減少した募集人数は、内部進学者によってしっかりカバーされる仕組みになっていたのだ。

　この結果、平成元年度には48だった普通科合格者の平均偏差値が、5年度には62にまで上昇（晶文社出版『高校受験案内』）。Cクラスの目立たない女子高が、たった4年で筑波大や東京都立大などに合格者を送りこむ、Aクラス校の仲間入りを果たしたのである。

　品川女子学院と言えば、今では「中高一貫教育の進学校」というブランドイメージがすっかり定着しつつある。「制服」そして「学力」。「名門校三要素」のうちふたつまでを、この学校は90年代の初めの数年で、相次いで手に入れてしまったのだ。そして大胆なことに、最後に残る「伝統」という要素までを、品川女子学院は手中に収めようとしているらしい。

　平成6年度用の受験案内に記載された品川女子学院の広告は、他のどの学校のものとも異なっていた。全面に、制服姿の4人の少女がまっすぐにこちらを見つめるソフトフォーカスの写真。学科の説明も入試の予定日も、学校の所在地すら書かれていない。右下に小さく学校名、そして左上には、大きな字で『新・伝統主義』というコピー……。

　新・伝統主義、である。学習院や雙葉《ふたば》

キャメルのブレザーも注目を集めた品川女子学院。

といった従来の名門校が、明治時代から熟成に熟成を重ねて培ってきた「伝統」を、品川女子学院は平成の現代に、しかも校名も制服も教育方針も何もかも変えてしまった上で、おもむろに宣言するという行動に出たのである。「名門校」や「お嬢さま校」などという評価は、人に言ってもらうのを待っている必要はない。制服のデザインを変えるのと同様に、こうしたブランドイメージも、学校自らがプロデュースし、その価値を世間に認めさせることができる。品川女子学院のSI戦略の本質は、どうやらこのへんにあったようである。

新旧両方の「お嬢さま校」

最近、雑誌などで、「うちってけっこうお嬢さま学校だよ」という女子高生が増えている。嘉悦女子や品川女子学院なども、いい例だ。本当の「お嬢さま」を自認する中央図書館の旧勢力女子高にしてみれば、たしかにとんでもない話かもしれない。しかしこれまで見てきたように、名門女子高のブランドイメージをつかさどる「制服」「学力」「伝統」の三要素は決して不動の価値ではなく、学校側の経営戦略と生徒たちの意識次第で、けっこうどうにでも変わってしまうものなのだ。こうした「セルフお嬢さま」が登場するのも、ある意味当然のなりゆきともいえる。生徒数減少という深刻な事態をむかえて、今後は品川女子学院のように、中高一貫教育と特進科の設置をバネに、進学校への脱皮をはかる私立女子高がますます増えていくことだろう。そして、そこに通う女子高生たちと、老舗の名門女子高の生徒たちとは、見かけも、遊び方も、そして頭の程度に関しても、その境界は限りなくぼやけていくはずである。

かわいい制服に身を包み、特進科に通う元ノーブランド女子高の女の子たちが、自分のことを「お嬢さま」と呼びたいのなら、言わせてあげればいいではないか。昔自分の学校の先輩たちが、どんな制服でどんな男友達と遊んでいたかなんて、彼女たちのあずかり知らぬところだし、「真のお嬢さま」と「自称お嬢さま」との違いを真剣に気に病むほど、世間の人も暇ではない。第一、中央図書館の「サロン」にたむろする名門校の男の子たちがガールフレンドを選ぶ基準は、なんだかんだ言っても結局最後は「顔」なのだから。

新旧両方の「お嬢さま校」の、ご健闘をお祈りします。

（初出：『宝島30』宝島社　1993年〔平成5〕7月）

森 伸之［もり・のぶゆき］

1961年東京生まれ。國學院大學文学部卒業。イラストレーター・制服研究者。美学校考現学研究室において現代芸術家・赤瀬川原平氏に師事。
著書に『東京女子高制服図鑑』（弓立社）、『私学制服手帖 エレガント篇』（みくに出版）、『女子校制服手帖』（河出書房新社）など、多数。

Part 3

1990年代 ギャル文化

90年代の女子高生の間で流行したスタイル。ダボッとしたカーディガンをはおる。

1990年代中頃より、
女子高生の間で制服を着《き》崩《くず》した
独特の高校生ファッションが流行し、
世間の注目を集めました。
「ルーズソックス」や「ガングロ」など、
今から思えば首をひねってしまうような
珍奇な風俗もありましたが、
時代をけん引する
爆発的なパワーを持っていました。
「コギャル」と呼ばれた
90年代女子高生スタイルをご紹介します。

1990年代

コギャルファッション

90年代の高校生ファッションは
学校指定のブレザー制服を徹底的に着崩したもの。
襟元は大きく開けてネクタイはゆるゆる。
スカートは限りなく短く。
そして短いスカートと反比例するかのように
ソックスのボリュームが増大し、
「ルーズソックス」も登場しました。

男子学生の間ではスラックスの
「腰ばき」が大流行。

ルーズソックス

ルーズソックスの起こりには諸説アリ。しかし、あれよあれよという間に市販品が登場して日本中に広まった。ソニープラザで売っていた E. G. SMITH が人気だった。こちらは長さ 50cm。

長さはどんどん長くなり、こちらは長さ 120cm の「スーパールーズ」。足元にひだをよせてボリューム感を出す。150cm という、身長と同じくらいのものもあったという。

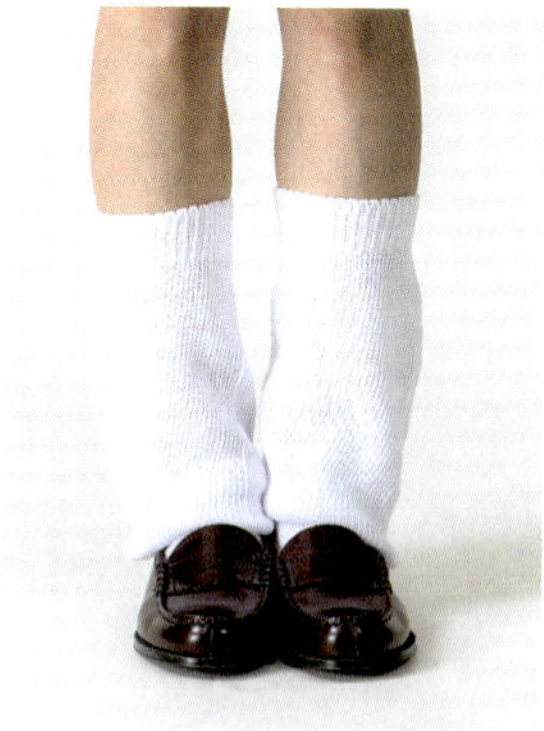

ルーズソックスの変化形である「ゴム抜きルーズ」「ゴムなしルーズ」。出始めの頃は、ルーズソックスを裏返して横に走るゴムを器用にカットし、たるんだシルエットを出していた。これもすぐに市販品が登場した。

他校バッグ

バッグでイケてる男子とのつながりをにおわす。有名男子校の指定バッグを持つのがステイタスだった。写真は当時「顔面偏差値 No.1」といわれた昭和第一高校のもの。女子高生の間ではルイ・ヴィトン並みの価値を持つといわれた！

90 年代半ばにはプリクラが登場。女子高生の間で写真を撮って交換する文化が生まれた。このポーズは雑誌『egg』から生まれた通称「エッグポーズ」。突き出した両手が画面に動きを作り、手との対比で顔が小さく見える。

Essay

ギャルファッションとメディア技術

久保友香（シンデレラテクノロジー研究者）

派手なメイクやデジタル加工で自分の顔を演出する「盛《も》り」の技術を研究する久保友香氏。久保氏は90年代半ばの都心部で高校生活を送った「コギャル世代」でもあります。久保氏ならではのユニークかつ鋭い視点で、90年代のギャル文化を活写していただきました。

◆◇◆

1994年（平成6）頃、東京の渋谷を中心に、肌を小麦色に焼き、髪を脱色して茶色にした女子高校生たちが現れました。

彼女たちは、制服にダボダボのルーズソックスを組み合わせ、放課後には、制服のスカートの丈をぎりぎりまで短くし、

バッグの持ち手を片方たらす。

制服の上に大きなラルフローレンなどのセーターを重ねて、「制服を着崩し」ました。さらに、自分の学校ではなく、他の男子校のスクールバッグを手に入れ、片方の持ち手だけを肩にだらしなくかけるなど、崩すことを進めました。

彼女たちは、休日は、アメリカ西海岸風の「リゾートファッション」で、そこにルイ・ヴィトンなど高級ブランドのバッグを持ちました。男性向け雑誌は、リゾートファッションで肌の露出が多いことや、高級ブランドのバッグを援助交際によって手に入れていると予測して、批判することがありました。彼女たちは「コギャル」などと呼ばれました。

1998年（平成10）頃になると、渋谷の女の子たちは、肌をさらに黒く焼く「ガングロ」や、髪を部分的にさらに脱色する「ガンメッシュ」、さらに肌を真っ黒にする「ゴングロ」にして、髪を真っ白に脱色し、目の周りや鼻筋や唇を白く塗る「ヤマンバ」や、2003年（平成15）頃にはそれより少しかわいい「マンバ」なども現れ、2008年（平成20）頃まで続きました。

このように、21世紀の開始をまたぐ15年弱の間、渋谷を中心に、前後の歴史には見られないような、奇抜なビジュアルをする女の子たちが現れたのはなぜでしょうか？ それには、デジタル技術の発展に伴う、女の子たちを囲むビジュアルコミュニケーション環境の変化が影響していると、私は考えています。

1994年（平成6）頃、私自身もちょうど東京の女子校に通う女子高生でした。クラスメイトの女の子が、肌を小麦色に焼き、髪を茶色く脱色し、大きなルーズソックスを履くようになりました。それは、当時の私が購読していた、全国でよく売れている女子高生向けファッション誌に載っていないビジュアルでした。彼女はこう言いました。

「渋谷にいる、華やかで、有名な女子高生たちがしていたから」

その頃、ファッション誌のモデルよりも影響力を持つ、街の有名女子高生が出現していました。そこには「ポケベル」や「プリクラ」という新しいデジタルコミュニケーションツールが影響していると考えられます。

1968年（昭和43）にサービスが開始されたポケベルは、1993年（平成5）の大幅値下げにより、高校生にまで普及しました。それまでは、学校の枠を超え

まだ携帯電話が一般的でなかった頃、ポケベルが女子高生の通信ツールだった。当初、入力できるのは数字だけだったが、数字の組み合わせにより「0833→おやすみ」「428→渋谷」など、暗号文が生み出された。

プリクラを貼る用途の「プリ帳」も発売されたが、小さな帳面ではすぐに満杯になってしまうため、ノートやルーズリーフが用いられるようになった。無印良品のノートが人気だった。

たつながりを求める高校生が、学校をさぼって、仲間の集まるたまり場に通うようなことがありましたが、ポケベルの普及により、授業中はポケベルで、放課後に街でつながれるようになりました。それにより、各街に、学校の枠を超えた高校生コミュニティが形成されました。

　また1995年（平成7）、初めてのプリクラ『プリント倶楽部』が登場しました。プリクラは、デジタル印刷により、同じシールを複数枚出力するので、女の子たちは一緒に撮影した友人と分け、1枚を自身の「プリ帳」に貼り、残りを別の友人と交換しました。女の子たちはプリ帳を持ち歩き、さらに別の友人と見せ合うので、ある女の子のプリクラ写真が、友人の友人のプリ帳の上で、そのさらに友人にまで公開されるようになりました。こうして、現実に会ったことのない人にまで顔が知られる有名女子高生が現れました。

　街は「リアル」な空間でありながら、ポケベルやプリクラによる「バーチャル」なコミュニケーションと接続する空間になりました。

　街を拠点に、バーチャルにつながる、学校の枠を超えた高校生たちは、ビジュアルを共有することで、コミュニティを形成しました。なかでも、渋谷の高校生コミュニティが共有していたのが、肌を小麦色に焼き、髪を茶色く脱色して、制服を着崩したり、リゾートファッションを着るビジュアルでした。そしてその細部の流行はころころと変化しました。その瞬間の「イケてる」基準を共有しているかどうかで、コミュニティ内の人かどうかを互いに判断し合いました。その「イケてる」基準を提供するのが、「渋谷にいる華やかで、有名な女子高生たち」でした。周囲の女の子たちは、街の学校の枠を超えたコミュニティに属したいために、彼女たちのビジュアルを真似しました。

　彼女たちのビジュアルは、コミュニティ内だけで共有する暗号のようなものです。だから、よく売れているファッション誌に載っていないビジュアルであるのは当然であり、あえて男性誌を読むような大人に好まれないビジュアルにして、彼らの関与を退けようとしていたことも考えられます。

　その後はさらに、彼女たちを囲むビジュアルコミュニケーション環境が変化します。街で有名になった女子高生たちに注目した出版社が、彼女たちを誌面に載せる「ストリート系雑誌」を刊行します。きっかけは1994年（平成6）誕生の『東京ストリートニュース！』、そして1995年誕生の『Cawaii!』*『egg』は渋谷の女子高生に特化します。これにより渋谷は、「リアル」な空間であるにもかかわらず、雑誌を通じて、全国の人とも「バーチャル」なコミュニケーションができる空間になります。「渋谷で目立てば、全国の人とコミュニケーションできる」と目指す女の子たちが、「ガングロ」や「ガンメッシュ」、「ヤマンバ」や「マンバ」など奇抜なビジュアルをするようになりました。

しかし2008年（平成20）頃になると、渋谷でもそのような女の子たちが見かけられなくなります。女の子たちの学校の枠を超えたビジュアルコミュニケーションは、「渋谷」から「インターネット」へと舞台を移します。彼女たちが重視するのは「リアル」なビジュアルよりも、「バーチャル」なビジュアルになります。

*月刊化は1996年だが、1995年に『Ray』増刊号として誕生。

90年代半ばに創刊されたギャル雑誌。渋谷や池袋など繁華街にいるイケている高校生が実名で誌面に登場した。一般の学生でありながら芸能人並みの人気を持つ「スーパー高校生」も登場した。渋谷の街は各雑誌の撮影隊であふれ、また学生の投稿や編集部訪問も歓迎されていた。

久保友香［くぼ・ゆか］

1978年東京都生まれ。慶應義塾大学理工学部システムデザイン工学科卒業。東京大学大学院新領域創成科学研究科博士課程修了。博士（環境学）。東京大学先端科学技術研究センター特任助教、東京工科大学メディア学部講師などを経て、2014年より東京大学大学院情報理工学系研究科特任研究員。専門はメディア環境学。研究テーマは日本の女の子の「盛り」の文化とそれを支援する「シンデレラテクノロジー」。著書は『盛りの誕生』（太田出版、2019年3月刊行予定）。

青木光恵のギャルウオッチング!!

コギャル誕生!!

1990年代後半から
どんどん拡大していった
コギャル文化。
制服の着こなしが
ここでガラッと変わりました。

シャギー茶髪 それまでは髪を染めるなんて不良でしかなかったが、おしゃれになった。細いメッシュを入れてる子も多かった。

写真を撮るときはこのポーズ。小顔に見せるためと言われてたが…?

細眉 アムロちゃんの影響。この時代みんな細くてちゃんとメイクしないと眉なしの人も。

大きめセーター これはもう革命! 体のラインやスカート丈を調節した折り目が隠せてかつ可愛い! ギャルっぽい子だけでなくどんな子でも取り入れやすい、現在でも人気のアイテム。

ミニスカート セーラームーンやん! っていう勢いでギリギリまで短くなったスカート。

黒肌 日焼けサロンで焼いた黒い肌。人目のないところでギリギリまで脱いで焼く猛者も。

ルーズソックス 最初はちょっとくしゅくしゅくらいだったのがどんどん長くなり、単位はメートルに(笑)。足のラインをごまかせるしシルエットが可愛いので、個人的にはまた何度も流行って欲しいアイテムです。

ハルタのローファー。黒か茶色。

地べたや階段、植え込みの前などによく座ってたなーという印象。

後に浜崎あゆみの影響で白ギャルも出て来る。

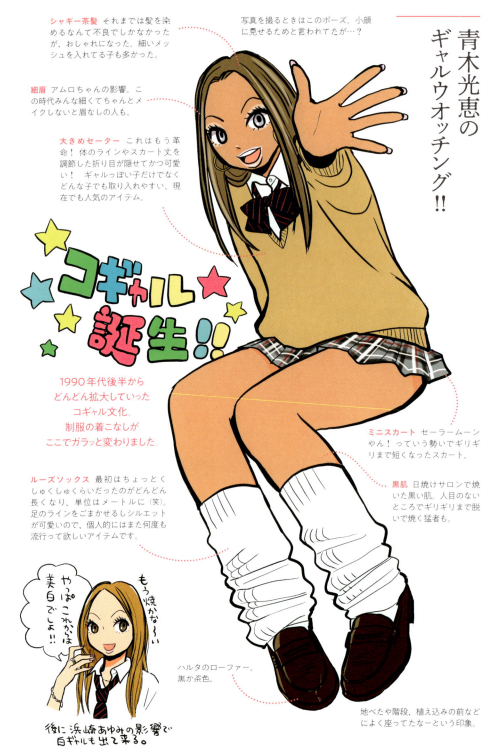

学校制服風のシャツやネクタイ、リボン、
チェックのスカートを販売する店も出てくる。
制服のない学校の子は、わざわざそういう店で
なんちゃって制服スタイルで揃えたり。
校則の厳しくない学校では、
他校や中学の時の制服を着る子も。
とにかくこのスタイルが
すっかりトレンドになりましたね。

ガングロ→ゴングロ そして ヤマンバ

「なんでここまでこうなっちゃったの？」
という気持ちでいっぱいになりますが
この誰受けもしない、
自分たちだけが可愛いと思う格好を
自分の美学としてやるのは
逆にストイックなのでは？と思います。
戦闘モード！という感じで嫌いじゃないです。

制服は着ているけど、もはや“なんちゃって”なのか
本当に学生なのか全く謎！
私服はとてつもなく派手。

青木光恵［あおき・みつえ］
1969年兵庫県生まれ。漫画家。一般情報誌、女性誌、4コマ誌、青年誌などに作品を発表する。同人活動も行う。

着用アイテムは同じ
しかし一方で同じ時代でも、こういう高校生ももちろんおりました。(in都内)
「こういう子もまだ在存するのね！」と、当時少しおどろいたけどあたり前っちゃあたり前だよね。

うちら最強〜〜!!
カーディガン腰巻もやってたねー。
キャメル色が大流行したけど、白、ピンク、もちろん定番のグレーや紺も。

渋谷のコギャルを描いた
藤井みほな「GALS!」

渋谷のカリスマギャル寿蘭《ことぶきらん》と
その仲間たちが活躍する少女漫画。
『りぼん』1999年（平成11）2月号から
2002年（平成14）6月号まで連載されました。
連載中から圧倒的な人気を集めて大ヒット。
アニメ化やゲーム化もされました。
現在では90年代のコギャル文化を知るための
資料としても注目されています。

『りぼん』2000年7月号ふろく 印刷

「GALS!」
予告カット原画
紙・水彩・マーカー

藤井みほなの「GALS!」は渋谷のコギャルをテーマに描いた作品だ。連載にあたっては、作者の藤井みほなが渋谷に通いつめ、徹底的に現場取材を行った。ファミレスや電車内で高校生たちの会話に聞き耳をたて、おびただしい枚数の写真を撮り、渋谷の「今」を活写した。本作は1話読み切りの形をとる。毎回

「GALS!」9巻カバー
紙・水彩・マーカー

イントロとオチをつけて話をまとめなくてはならないので、コミックス10巻分の連載を続けるのは漫画家にとっては厳しい面もある。しかし、めまぐるしく流行が変わる渋谷の風俗を描くにはこの形式をとらざるをえなかった。「話を3か月引っ張ったら、流行が変わってしまうから」と藤井は微笑むが、連載の人気が出て多忙になり、写真を現像する時間すらとれなくなってしまい、ポラロイドカメラのフィルムを大量発注してメーカー側を驚かせたこともあったそうだ。

本作の魅力は何と言ってもヒロイン蘭のキャラクターにある。鳳南《ほうなん》高校の「渋谷部」と称し街に繰り出す蘭だが、実は警官一家の長女で正義感が強く（腕っぷしも）、自分なりのポリシーがありブレがない。不条理を一刀両断し、仲間たちと本音をぶつけあいながら青春を謳歌する。スピード感ある展開を重ねつつ、高校3年間の成長物語にもなっているのが本作の読みどころだ。

ハイビスカス柄

アクセサリー

学校でもメイク

他校バッグ

援助交際

百均コスメ

勉強

真のギャル

藤井みほな［ふじい・みほな］

少女漫画家。1990年デビュー。集英社の『りぼん』『マーガレット』で執筆活動を行う。「パッション・ガールズ」「龍王魔法陣」他多数。

パラパラ

ファミレスでダベリ

カリスマ店員

ゴングロ三姉妹

「GALS!」［ぎゃるず］

藤井みほなの漫画作品。『りぼん』1999年2月号から2002年6月号まで連載。テレビアニメ化、ゲーム化もされた。

ギャルの王道

スーパー高校生

写ルンです

雑誌の撮影隊

［p062-065］
藤井みほな『GALS!』
第1巻～10巻より

Essay

ソックス50年史

森 伸之

時代の気分を反映するソックス

普通のファッションに流行があるように、女子高制服にも時代を映した流行が存在する。なかでも、足元から気軽に雰囲気を変えられる便利なアイテムとして、時代の気分が反映されやすいのが、ソックスだ。この数十年を振り返ってみても、実にさまざまな種類のソックスが、彼女たちの足元を包んでは消えていったことがわかる。

ファッションの世界で、スカートの長さをめぐって「ミニかマキシか」の論争が起こっていた1970年代初頭。女子高生のスカートは普通の膝下丈だった。彼女たちは、そのスカートにふくらはぎ程度の長さのソックスを合わせていた（図1）。

女子高生にとって、この長さのソックスは、ずり落ちやすいのが悩みの種だった。そんなところに、白元《はくげん》（現・白元アース）から糊状《のりじょう》のくつした止め「ソックタッチ」が発売され、大ヒットする。アイビーソックスの流行もあり、しばらくはこのバランスが女子高制服の定番となった。

スカートは「長いほうがおしゃれ」という時代

しかし70年代半ば、このバランスを大きく崩す「事件」が起きた。いわゆる「ツッパリ・ヤンキー」スタイルの登場だ。裾《すそ》を詰めた上着とひたすら長いスカート丈を特徴とするこのスタイルは一

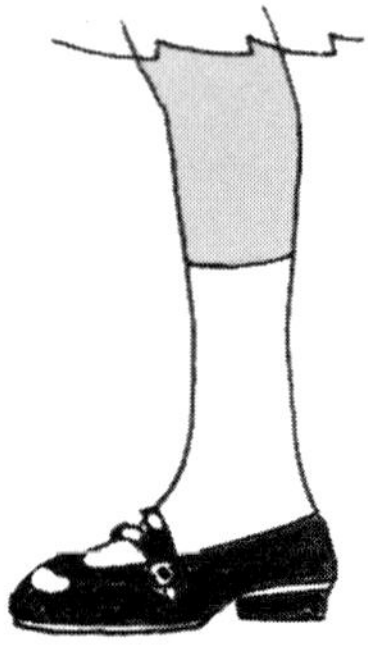

図1：1970年
ソックスはふくらはぎ丈

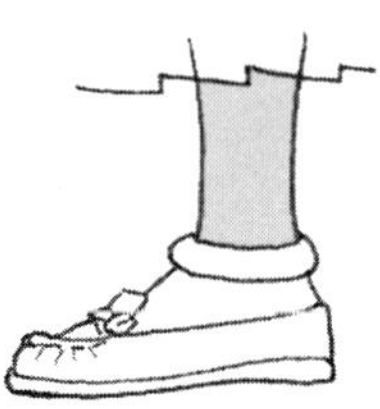

図2：1976年
スカートは長く、ソックスは短く

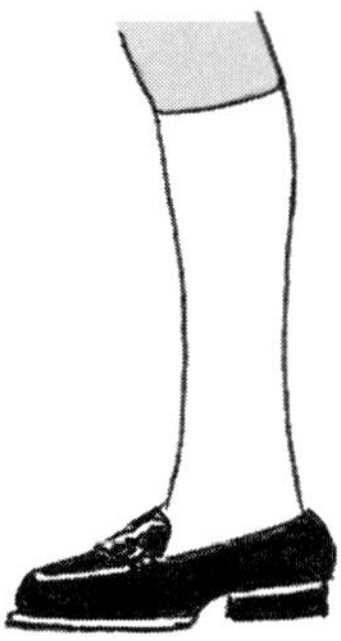

図3：1983年
ブランド校にハイソックスが定着

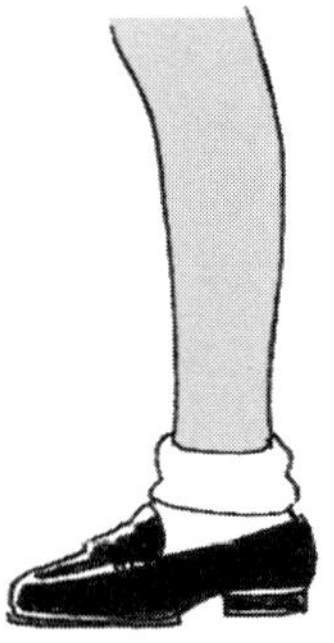

図4：1989年
三つ折りソックス、都内で流行

般の生徒にも大きな影響を与え、「スカートは長いほうがおしゃれ」という価値観を根づかせた。

　スカートの裾が地面に近づくのに合わせて、ソックスの長さは後退する。ソックスをくるくると丸め、くるぶしのあたりでドーナツ状にするのが流行ったのも、この頃だ（図2）。

「ハマトラ」ファッションを制服に

一方、80年代に入ると、都心の一部の学校で新しい動きが見えてきた。青山学院、慶應女子、東京女学館といった名門私立校の生徒たちが、ハイソックスを履きはじめたのだ。

　彼女たちが好んだのは、膝丈のスカートにハイソックスという組み合わせだ（図3）。それは、女子大生のあいだで流行していた「ハマトラ」ファッションを、制服に取り入れたものだった。健康的で清潔感のある、新鮮な着こなし。ツッパリ系のスタイルにうんざりしていた他校の生徒も、やがてこの着こなしを真似するようになった。「スカートは長いほうがおしゃれ」というツッパリ的価値観の呪縛《じゅばく》が、ようやく解けたわけだ。

　ファッションは、同化と差異化のバランス感覚。ハイソックスがすっかり定番となったこの時期、あえて流れから外れてみようという動きも見られた。

　ひとつは、都内の中堅女子高のあいだで広まった三つ折りソックス。膝上丈の短いスカートにあえて短いソックスを合わせ、脚のむき出し感を強調する着こなしだ（図4）。

　もうひとつは「くしゅくしゅソックス」の流行。90年前後に、青山学院あたりから広まったアイテムだ。これは「スラウチソックス」という輸入物の厚手のソックスを、くしゅくしゅとたるませて履くというもの。都内の高校生たちは、ハイソックス同様、このスタイルもこぞって真似をした（図5）。

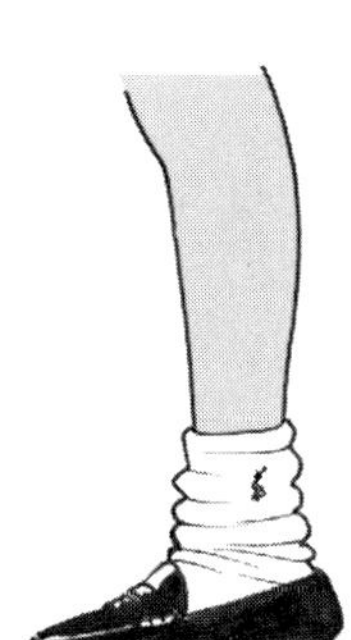
図5：1990年
ルーズ誕生前夜の姿

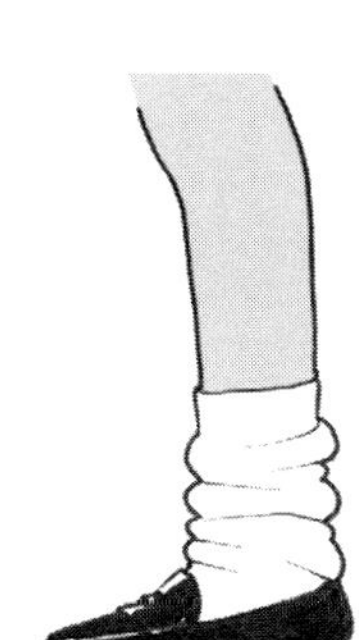
図6：1992年
ルーズソックス本格的デビュー！

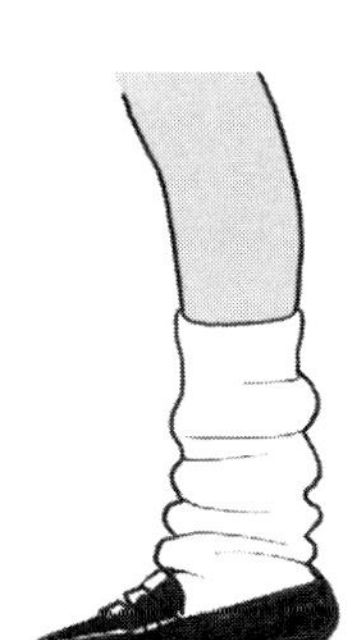
図7：1994年
ルーズ流行でソックタッチ復活

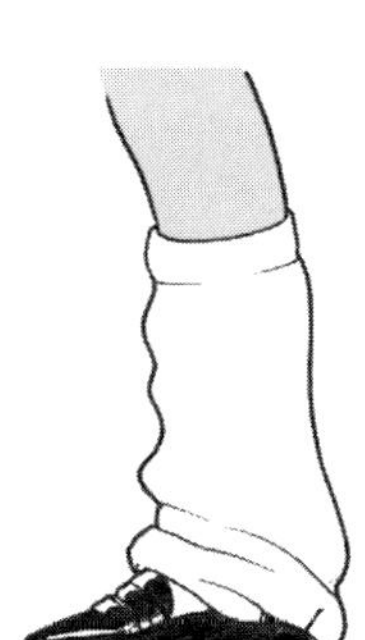
図8：1995年
レッグウォーマーという「裏技」

ルーズソックスの発祥は?

そして、この「くしゅくしゅソックス」の人気を見た靴下メーカーが、くしゅくしゅさせることを前提に、よりボリューム感を増したソックスを女子高生向けに商品化する。それがルーズソックスだ(図6)。ルーズソックスの発祥地については、水戸説や仙台説など、諸説がある。しかしそのルーツをたどれば、青山学院の女の子の足元に行き着くと言っていいだろう。

「コギャル」という単語とともに、女子高生のトレードマークとなったルーズソックス。そのボリュームは、スカートのミニ化と反比例するように増大していった。女子高生たちの悩みは、重いルーズがすぐにずり落ちてくることだった。スティック糊や両面テープなど、いくつかの小技裏技が試された。そして1994年(平成6)、ついに白元がソックタッチの製造再開を決定する(図7)。

1995年に刹那的な流行を見せたソックス+レッグウォーマーの重ね技(図8)、東京近郊でよく見かけた「ゴム抜きルーズ」(図9)、伸ばして履けば脚の付け根までくるスーパールーズ(図10)。さまざまなバリエーションを生みながら、ルーズソックスは呆れるほど長期にわたり、女子高生の足元に君臨し続けた。

その人気がようやく下火になったのは、2000年(平成12)頃。都内の私立高校が、ルーズの規制を強めたのがきっかけだった。すでに飽きがきていた女子高生が、学校の取り締まりに乗っかるかたちで、いっせいにルーズを脱ぎはじめたという印象だった。

東京の中心からルーズが姿を消し始めた2002年(平成14)、わざと足元にたるませた履き方をよく見かけた。時代の終わりを感じさせる、脱力した姿だった(図11)。

ハイソックスの復活、そして現在

さて、ルーズソックスに替わり流行の

図9:1996年
千葉、埼玉でゴム抜きルーズ流行

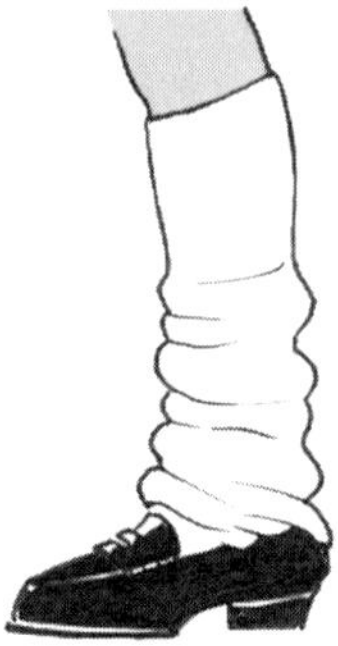

図10:1998年
ボリュームも長さも極限へ

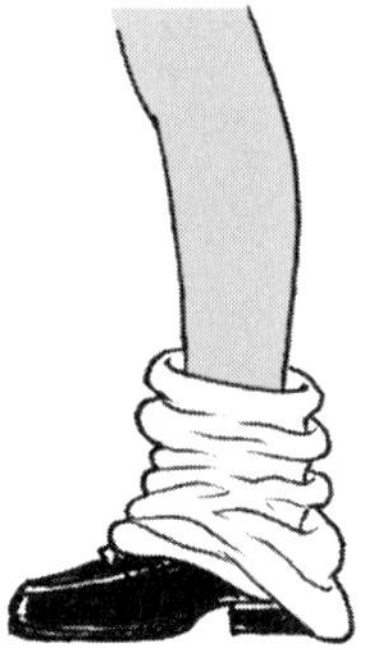

図11:2002年
流行り廃れて脱力ルーズ

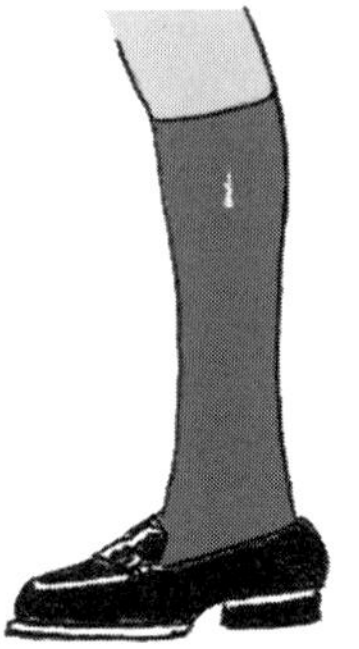

図12:2004年
全国的に「紺ハイ」定番化

中心となったのは、再びハイソックスだ（図12）。都心の私立校では、スカート丈も以前に比べて落ち着きを取り戻してきた。上品でこざっぱりとした着こなしは、80年代に注目を集めたブランド校のスタイルに近い。四半世紀かけて時代が一巡した、という印象もある。

しかし一方で、これまでになかったようなスタイルも生まれた。たとえば大阪と神戸で見られる、膝下スカート。この2都市は２０００年代初めから女子高生が長いスカートを好んではくようになった、全国的にも非常に珍しいエリアだ。紺のハイソックスをロングスカートに合わせる生徒もいて、見た目には紺色タイツに見えてしまうのが、微妙といえば微妙である（図13）。

タイツと言えば、東京で２００９年頃から黒タイツが普及したのも面白い。現在では冬季にタイツで通学することは、私立校を中心に普通のスタイルになっている（図14）。

２０１０年代になると、スカート丈は膝を目指してじわじわと伸びはじめる。それにともないソックスの長さは短くなり、ハイソックスをわざとたるませて短くはく生徒も増えてきた（図15）。その姿は、90年前後の「くしゅくしゅソックス」が30年近い時を経て復活したかのようにも見える。

そして２０１９年現在、ソックスは全国的にショート丈全盛の時代を迎えている（図16）。この流行が東京よりも数年早く新潟や金沢などの地方都市で始まっている点は、非常に興味深い。80年代から常に新しい制服の着こなしを生み出してきた東京が、ソックスに関しては後追いに回っているのだ。東京発信の制服ファッションが力を持っていた時代は、平成とともに終わりを告げるのかもしれない。

（初出：『ベストカー』講談社　２００９年6月10日号／２０１９年2月改稿）

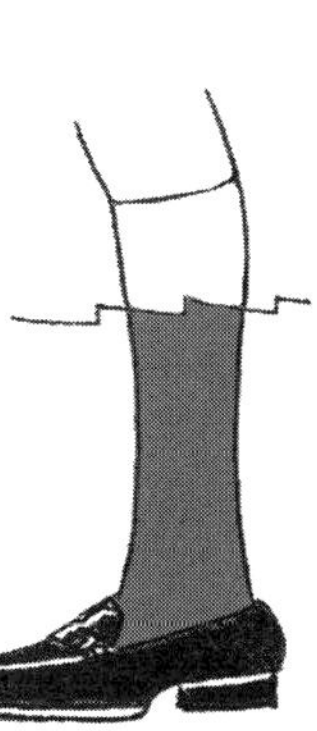

図 13：2009 年
紺ハイにロングスカート（神戸）

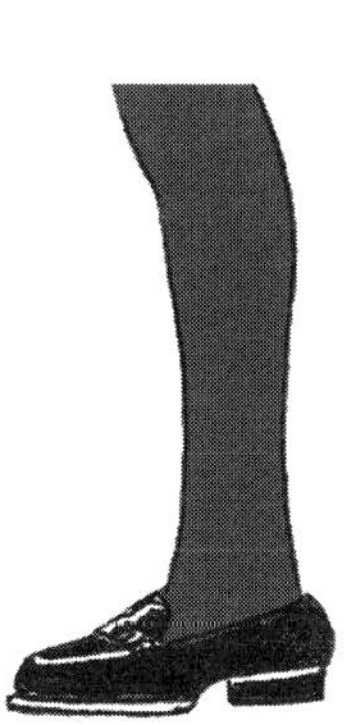

図 14：2009 年
冬の黒タイツまさかの流行

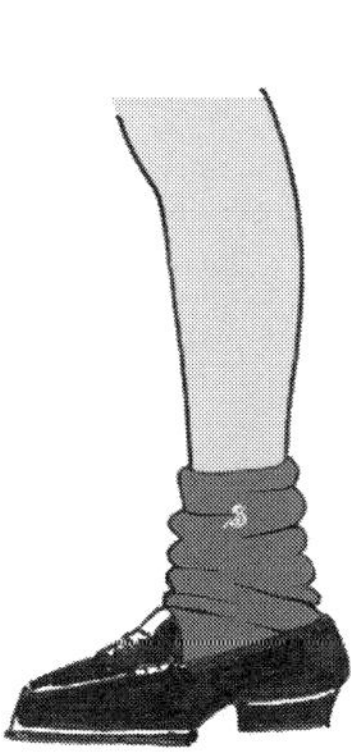

図 15：2015 年
ハイソックスのずり下げ流行

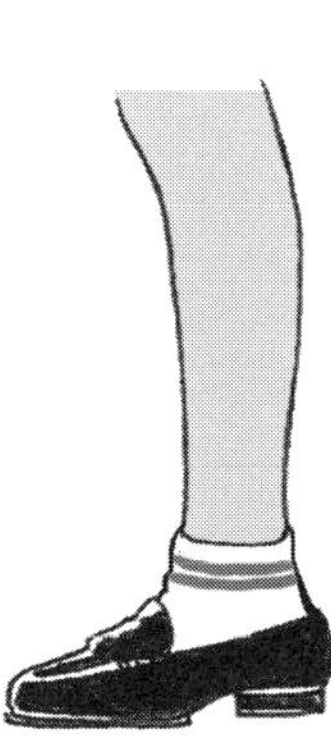

図 16：2019 年
再び短いソックス全盛期に！

Essay

東京的女子高生ドレスコードの発生と終焉 2

森 伸之

ルーズソックスの誕生

東京の女子高生が当たり前のような顔をしてハイソックスを履くようになっていた80年代の終わり頃、青山学院の女子高生の足元には新しい流行が生まれていました。ソニープラザなどで売られていた輸入物の厚手の白ソックスを、あえてくしゅくしゅとたるませて履くというものです。

都内の高校生たちは、ハイソックス同様このスタイルにもすぐに飛びつきました。やがて靴下メーカーが、この「くしゅくしゅソックス」を原型に、よりボリューム感を増したソックスを女子高生向けに売り出します。「ルーズソックス」の誕生です。

女子高生に受け入れられたルーズソックスは、年々そのボリュームを増していき、それと反比例するように制服のスカート丈は短くなっていきました。1993年（平成5）には「コギャル」という言葉が生まれ、ミニ丈スカートにルーズソックス姿の女子高生がマスメディアにたびたび登場するようになります。彼女たちは「女子高生ブーム」という言葉とともに、現象として語られはじめました。女子高生であること（女子高生らしい格好をしていること）に、何か特別な価値があるような持ち上げられ方をされるようになっていたのです。

１９９４年（平成６）に『東京ストリートニュース』、１９９５年に『egg』、そして１９９６年に『Cawaii!』といった読者参加型の女子高生向け雑誌が相継いで創刊されました。こうして制服の着こなしや流行の通学アイテムが「東京発の情報」として全国に紹介されるようになりました。

この時期のスタイルの原型には、安室奈美恵をモデルとした私服ファッション（俗に言う「アムラー」）があったという見方もあります。ミニスカートと厚底ブーツのバランスを制服アイテムに置き換えたらこうなった、というわけです。

しかしファッションとしての「アムラー」が廃《すた》れても、このブームは終わりませんでした。流行の下地を作った青山学院や都心のブランド校の生徒たちは下品になる手前でさっさとこの流れから降りてしまいましたが、スカートのミニ化とルーズソックスの極大化をめぐる女子高生たちのチキンレースはその後も続きました。

流行を支えたのは、首都近県や地方の女子高生

今から振り返れば異常とも思えるこの流行を支えていたのは、実は東京ではなくむしろ首都近県や地方の女子高生でした。

彼女たちには、マスメディアが提示する「東京発の情報」を無批判に、そして過剰に受け入れる傾向がありました。ルーズソックスが流行れば少しでも太いルーズを買い、短いスカートが流行れば素直に丈の短さを競い合いました。そして放課後や休日には、自慢の「女子高生スタイル」で渋谷のセンター街や１０９に遊びにやってくるのです。そこで雑誌のカメラマンに撮られた彼女たちの写真は再び「東京発の情報」として流通し、それを参考にした地方の女子高生が渋谷に来てまた写真を撮られ……。こうした「情報のハウリング現象」とでもいうべき無限ループによって、女子高生の制服スタイルは過激さを増していったのでした。

この流行がようやく下火になったのは、都内の私立高校がルーズソックス規制に本腰を入れ始めた２０００年（平成12）頃でした。これまで無地の白ソックスなら自由としていた校則を改め、学校オリジナルのワンポイントが入ったソックスを指定する学校が増えたのです。

はじめのうちは駅のホームで指定ソックスからわざわざルーズソックスに履き替えるなどの抵抗を試みる生徒もいまし

Howling!
ぐるぐる廻る「東京情報」

巨大なヒマワリの造花をカバンに差す女子高生

「情報のハウリング」によって増幅された制服ファッションの例（1997木更津）

たが、そんな光景もやがて見なくなりました。２００２年（平成14）頃には都内の私立高校からルーズソックスが姿を消し、２００３年には「ルーズソックス流行の火付け役」と言われた靴下の卸売業者が、売り上げ激減のために倒産しています。２００４年頃になると、女子高生の関心はすでに紺色のハイソックスに移っていました。

肩の力が抜けた、隙の多い制服ファッションで闊歩する

ルーズソックスの衰退とともに、制服のスカート丈も徐々に落ち着きを取り戻してきました。２００６年（平成18）頃までには「スカートは短ければ良いというものではない」という、考えてみれば当たり前の共通認識が東京の女子高生に生まれ、私立校を中心に「ほどほど短いスカートにハイソックス」というバランス重視の着こなしが主流になっていったのです。

さて、それから約10年が経った現在も、この流れは基本的には変わっていません。私立と都立ではその基準に差があるものの、スカート丈は「カワイイ」と「下品」の境界を意識したほどほどの短さを保っています。この10年、東京の制服ファッションには大きな変化はなかったのでしょうか？

実はここ数年、東京の制服ファッションに、ある大きな変化が起こっています。それはスカートやソックスの流行とは種類の異なる、とても興味深い変化です。

たとえば最近、冬に黒タイツを履いて通学する女子高生が増えています。10年前なら、彼女たちはどんなに寒い日でも生脚を出して歩いたものでした。多くの都立校とバッグの自由な私立校で、リュック通学が増えています。10年前なら、わざわざ店で買ってでも私学風のスクールバッグを肩掛けにしていたものです。スニーカー通学も増えました。10年前なら、制服を着るときは何があっても絶対ローファーを履いていたのに。

思えば1990年代の女子高生は、どれだけ校則から逸脱した格好をしていても、生脚とスクールバッグとローファーは外しませんでした。ミニスカートやルーズソックスと並んで、それらは「女子高生らしさ」を表す記号であり、東京を歩くためのドレスコードだったからです。そのドレスコードが、いま徐々にゆるみはじめているのです。規則のゆるやかな学校を中心に、自分のセンスで私服のアイテムを制服ファッションに持ち込むスタイルは、これからますます増えていくことでしょう。

「女子高生ブーム」という、わけのわからない騒ぎから20年。肩の力が抜けた、隙の多い制服ファッションで東京の街を歩く彼女たちは、マスメディアや世間にあてがわれた「女子高生」という役柄からようやく解放されたようにも見えます。制服の上に体操着のジャージや迷彩柄のパーカーを着たり、リュックはまだしも小学生用のランドセルを背負ったりするのはいかがなものかと思いますが、とりあえずは「お疲れさまでした」と（心の中で）声を掛けたいところです。

●ランドセル女子高生（千葉県船橋市・JR南船橋駅）

小学生用の黒いランドセル。高校生くらいの体格だと、むしろ扱いやすい大きさ（重さ）なのかなぁ。
この子はリュック

リュックサック通学がずいぶん増えた首都圏の公立高。とはいえランドセルで通学する女子高生は初めて見たよ！背負ってはいけない決まりはないけど…やっぱり不思議な光景です。

（初出：『東京人』都市出版 2016年1月号／2019年2月改稿）

Essay

制服メーカーが学校で授業「制服着こなしセミナー」

佐野勝彦（制服研究者）

佐野勝彦氏は『女子高生 制服路上観察』（光文社新書 ２０１７年［平成29］）という著作を持つ学生服研究の第一人者です。株式会社トンボのユニフォーム研究室室長も務められました。学生服メーカーの研究員として20年間、時間を作っては路上に立ち、直接聞き取り調査をしたフィールドワーカーである佐野氏。制服業界で今や定番となった「制服着こなしセミナー」は、現場をよく知る佐野氏ならではの発案でした。

制服モデルチェンジの理由《わけ》

学校が制服をモデルチェンジする理由はさまざまです。

少子化が顕著になって以来、生き残りをかけて学校統合や共学化、学科の統廃《とうはい》合《ごう》や新設がなされ、その結果、学校がめざす生徒像が変わり、制服一新に至ることが多いように感じています。

私学では、生徒の内面、外面ともにブラッシュアップを望む保護者の期待が高く、それが、その学校を選ぶ大きな理由であったりするので、制服デザインとモデルチェンジのタイミングは、常に検討されています。

学校にとって、制服は、生徒が自分で購入するものなので、費用負担なく学校や生徒イメージを変えることができる安上がりなブランディングツールと言えなくもありません。

露骨に言えば、一部の伝統名門校を除き、人気とブランド力が生徒の質と量に直結する学校にとって、今や制服は経営課題の一つになっていると言えるでしょう。

学生服から学校服へ、ブレザー制服が変えた制服ポジション

ブレザー制服が人々の注目を集めた昭和末期頃から、経営における制服ポジションは劇的に変わりました。

それまで、詰襟、セーラー服、あるいは地味なスーツが当たり前だった高校制服ですが、団塊《だんかい》ジュニア世代が高校に入る頃から、ブレザーにタータンチェック

スカート、かわいいリボンスタイルが登場しました。

それは、当時、日本のライフスタイルを次々に変えていった団塊世代ファミリー（団塊世代夫婦＋子ども、ニューファミリーと呼ばれました）に支持され、急速な勢いで普及しました。

平成前期は、その潮流に乗らないと時代遅れと見なされ、学校が率先してブレザー化に走ることになったのです。

制服モデルチェンジの背景は、だいたいこんな様子なのですが、実際の学校現場では、少し様子が違う風景が見えていました。

制服モデルチェンジ、変えざるを得ない理由《わけ》

学校が問題視して、やがて変形学生服と呼ばれるようになった制服姿とは、詰襟やセーラー服を、長ラン、短ランなどと呼ばれたように、ヒトを脅《おど》かすように変形させたものでした。

ボンタン（土管パンツと呼ばれた太いズボンで、その頃日本に入ってきたフランス語のパンタロンと重ねてボンタンと呼ばれました）、スケ番ルック（へそが見える丈に詰めたセーラー服上着と、長大なスカート、くるぶしで丸めた白いソックスが定番、ちなみにへそを見せるため当時は当たり前だったシュミーズを着ていなかった）など異形《いぎょう》の制服も、もとを正せば、普通の服のプロポーションを変えたものだったのです。

しかし、ブレザー制服で問題視されたのは、変形ではなく着こなしでした。のちに着《き》崩《くず》しと呼ばれる、短いスカートや、ルーズな着こなし、また学校指定アイテムでないルーズソックスやビッグベスト、マフラーなどで独特の見かけを作り上げ、それが人々の顰蹙《ひんしゅく》を買うほどになった結果、学校が着こなし指導に追われる事態になり、着崩し防止を意図した制服モデ

ボンタン　　スケ番スタイル

着崩し。男子は腰パン

ルチェンジに至ったと感じています。

学校側から見れば、

・生徒の見かけがだらしなく見苦しい、学校イメージを下げている
・その結果、教室の雰囲気がざわつき、正常な授業ができない、成績や素行も悪化しやすい
・女子生徒の着こなしが煽情的《せんじょうてき》すぎて、盗撮《とうさつ》や痴漢、悪い誘いを招きやすく、生徒の安全が図れない
・生徒の着こなしが、学ぶものの姿と乖《かい》離《り》し、生活習慣に悪影響がある
・入学一時金の削減欲求は強く、その一部である制服代金を低減するためのモデルチェンジ
・制服が他校と似ているため、他校生徒の不良行為に対するクレームがくることがあり、生徒指導上、好ましくない
・ライバル校に見劣りする、受験生から敬遠されている
・デザイン、服装規定などが在校生に不人気で変えざるをえない
・そのようなマイナス要素を払拭し、現行制服を平凡に見せてしまうような新しい制服が提案されている

などとなります。

生徒にすれば、高校生であるだけで世間から注目されることを十分に意識し、はやりの格好をしたいだけなのですが……。

その結果、平成30年間で中高合わせて1万校を優に超す学校が、制服をモデルチェンジしました。

中高合わせた学校数は、現在2万校前後ですから、約半分の学校がモデルチェンジしていることになります。

同じく制服がある英国の学校がモデルチェンジしたのは、同時期で一桁台のパーセントらしいので、日本は桁違いに多いのです。

＊複数回モデルチェンジした学校も、回数分をカウント

しています。

メーカー主導で制服着こなしセミナー

折からの団塊《だんかい》ジュニア世代を自校に取り込むために採用されたのが、ブレザースタイルの制服でした。

学校の魅力を高め、憧れを醸し出すためのモダンユニフォームは、狙い通り大人気となったのですが、バブルが弾けた頃から、大人の目には理解しがたいルーズソックスが大流行し、制服の着崩しが目につくようになりました。

安室奈美恵のステージ衣装のプロポーションを真似たといわれるそれは、やがて高校生ファッションと名付けられ、最終的にはヤマンバ（山姥《やまんば》）現象となり、行き過ぎた着崩しは自ら崩壊していきました。

援交（援助交際）など負の側面も目立ち、着崩しは問題視されるようになりましたが、学校の服装規定は通《とお》り一遍《いっぺん》のものが多く、また、今までになかった現象なので、学校側の指導もあいまいで、その隙を突いて、着崩しはどんどん先鋭化していきました。

変形学生服は、その流行に危機感を抱いた業界が、自主的に標準服制度を作り、変形服メーカーや販売店は淘汰《とうた》されていったのですが、高校生ファッションとは、当初こそスカートの裾切りはあったものの、服自体は普通で、着こなし方の問題だったので、手の打ちようがなかったのです。

本来は学校の魅力を増すためにモデルチェンジされた制服が、着こなしでイメージを悪化させるようならば、制服制度の存在意義も損なわれかねないと業界は危機感を感じ、着崩し対策を盛り込んだ制服を提案するなどしましたが、それをかいくぐる生徒とのいたちごっこが続き、効果は今ひとつでした。

私は、当時、トンボ学生服のユニフォーム研究室にいて、学校を訪問するたび、そんな状況を見て、先生方の嘆きを聞き、また、生徒たちと接触する機会があったので、ハードによる対策（服に、着崩せないようなテクニックを施す）では限界があるので、ソフト（生徒の自覚に訴えかけ、学校や保護者、社会が好ましいとする生徒像と着こなしを示す）を伝える手法が有効であることを社内に提案し、学校にも働きかけました。

ヤマンバ

のちに制服着こなしセミナーとして定着することになるそれは、授業の一環として、生徒自らが気づき、自分たちの制服姿を見つめ直すことをめざしたものでした。

当時、学校に提案した企画書から要点を拾うと、

提案：制服メーカーによる制服着こなし授業の開催

対象：新入生のオリエンテーション時に開催（在校生向けには、就職面接前、企業見学前など、機会をとらえて開催）

生徒指導とクラス担任の先生は、後々の指導法統一のために同席を希望

会場：全学年が一堂に会し、プロジェクター投影が可能な会場

講師：生徒のあるべき姿に造詣《ぞうけい》が深く、服や着こなしの知識がある人物（ユニフォーム研究室や企画部デザイナーなど）

経費：制服メーカーによる冠講座（制服採用後のアフターフォローや取扱説明と位置づけ、無料の場合が多い）

趣旨：制服への気づきを誘導する

❶生徒たちの社会通念や服装知識のレベルを踏まえ、生徒感覚で納得できる、望ましい制服着こなしを示す。
その際、理由を明確にし、先生の指導の根拠とする（社会目線で見て好ましくない着こなしと比較対照し、理解を深める）。

❷着崩しが学校、友人、家族、地域など周囲と本人に与える有形無形の影響への理解。

❸着こなしのルールを簡単明瞭に伝える。
具体的には、

- **人は見かけで峻別《しゅんべつ》されている**

（学校では、人は外見ではなく中身だと教えられるが）現実には、人は見かけで判断され、峻別されている。

社会は、先生のように親切に注意せず、不適当と判断し、黙殺《もくさつ》してしまうことを伝

カジュアルは、場に合わせる着こなしがルール。

制服はフォーマルウェア、カジュアルルールで着こなすのは ×

える。

・着こなしは一朝一夕にはならない

普段から見かけを磨いていないと、その場だけ取り繕っても、見透かされている。自分の一生を左右する面接などの重要な場面で見透かされないよう、普段から見かけと着こなしに気を配る必要がある。

・制服はルールド・ファッション

制服は、生徒にとっては日常着だが、本来はフォーマルウエアであり、時と場面に応じて着こなしを変えなければいけないルールド・ファッションである。

本来は、先生から知識を授かる授業中も、居ずまいを正すフォーマルな時間だと身近な例で伝える。

・正式な場面ではタイトアップが基本

リラックスしている時は、多少緩んでも良いが、相手に対して敬意が必要な場面では、タイトアップ（ボタンなどをきちっと留め、きりりと締め上げ、隙のない着こなしをすること）する。例えば、全校行事で表彰される時や、校外から人を招いた時の表敬など具体的な例を示す。

・フォーマルとカジュアルでは着こなしルールが異なる

カジュアルウエアは個性表現着、何をどんな格好で着ても自己責任の範囲内。フォーマルウエアである制服は、学ぶ身分と所属を明示するもの。ルールから逸脱《いつだつ》した格好は、学校やクラス、家族の評価を下げる。何よりも、自らのモチベーションを下げることが問題。

・着崩しの危険性への注意喚起

短いスカートや胸元もあらわなシャツ姿、だらしない格好は、盗撮、痴漢、悪い誘いなどを引き寄せやすい。着崩しが身の危険を招くことの注意を喚起。

・着こなしの情報源に注意

服装や着こなしの素養が浅い生徒は、ファッション雑誌やSNS、テレビで目にするタレントの着こなしなどを真似る傾向があるが、それらは目を引くため、当たり前でないものや奇矯なものになりがちで、多くの場合、それはルール逸脱であること

セミナーのプロジェクター画面より

が多い。
むしろ先輩や友達の着こなしをしっかり観察して、好ましい着こなしを目に焼き付けよう。

ざっとこんな内容を、あらかじめ用意したパワーポイント映像を交え、話すのですが、生徒の受講態度は、学校によって大きく違い、体育館に椅子を持参して、メモを取りながら真剣に聴いてくれるところもあれば、立派な視聴覚室でプロジェクター投影が始まるや否や、暗くなった会場で、スマホの画面がホタルのように飛び交い、いびきが聞こえてくるところまであり、千差万別でしたが、セミナーが一度限りで終わるところはごくわずかで、毎年行われ、また新規に開催する学校も非常に多く、今では新学期を中心に何百校も行われていますから、多少は効果があると思っています。

セミナーを提供するメーカーは、制服を納め一安心したのも束の間、セミナーで大忙しとなり、講師があちこち飛び回るのが、この時期の常態になっています。

なお、セミナーの内容はメーカーによって大きく変わり、制服デザインの紹介や服装規定の棒読みで事足れりとするところもあれば、あろうことか着崩し対策が施された制服を生徒に解説し生徒の冷笑を買うところ、「仏（制服）作って、魂（着こなしルール）入れるつもりでやれ！」とトップが社員に発破《はっぱ》をかけるトンボ学生服のようなメーカーまで千差万別です。

制服は、教育の視点から見れば、教室を学ぶ雰囲気に整えるフォーマルウエアですが、生徒にとっては通学着であり、1日の大部分をこれ一着で過ごす生活着であり、中学生や高校生という、大人でも子どもでもない、義務や責任を問われることも少ないモラトリアム気分の表現着でもあるので、本人たちにとって、それをどう着こなすかは結構重要です。

イケてるかどうか、それによって、仲間になれなかったり、評判が変わったりするので、いくら指導されても、おいそれと従うわけにいかないのが着こなしなので、制服着こなしセミナーの成否は、いかに生徒たちの琴線《きんせん》に触れ、共感を得ることができるかにかかっています。

そんなわけで、私の場合は、もっぱら生徒たちが何に敏感に反応し、何を無視するのか、また場面ごとに異なる制服を着る気分や感性、お手本にすることなどを理解することに努めました。

約20年に及ぶその調査で、おおよそのところが掴《つか》めた気がしたので、生徒指導の先生方の役に立てばと思い、2017年秋には本まで出したほどです（『女子高生 制服路上観察』光文社新書 2017年11月刊）。興味があればご一読ください。

佐野勝彦［さの・かつひこ］

1951年、奈良県生まれ。1972年鐘紡株式会社入社後、ファッション研究所にて繊維・ファッション系の企画・分析業務に従事。1996年、テイコク株式会社（現・株式会社トンボ）創立120周年記念事業「ユニフォーム研究開発センター」創設に参加。以降20年、ユニフォームの調査研究に従事する。2017年、アイトス株式会社創立100周年記念事業「働き方研究所」創設に参加、ワーキングウエア分野の調査研究に従事。

1980年代に主流だった、長い丈のスカート。セーラー服やジャンパースカートにはストラップシューズが似合った。

Part 4

1980年代~2010年代

制服着こなしクロニクル

1980年代から2010年代までの
制服のトレンドの変化、着こなしの変遷を、
学生服のトップメーカー
菅公《かんこう》学生服株式会社の全面的な協力を得て、
実物資料でご紹介します。
使用した制服は
特定の学校の制服ではありませんが、
その時々の学生服の特徴を表す、
究極のセレクトになっています。

衣装協力：菅公学生服株式会社、株式会社ハルタ
撮影：大橋 愛
監修：森 伸之

1980年代

女学生は紺サージのロング丈

1970年代~80年代の公立学校で多く見られたスタイル。ブラウスやシャツの上に、ジャンパースカートを着用。ウエストはバックル式ベルトをしめる。ストンとしたシルエットでどんな体型にも似合う。ふくらはぎまである長めのスカート丈だが、当時は長ければ長いほどおしゃれだった。素材は紺のサージ。白ブラウスは丸襟《まるえり》。

カバン 通学に使うのは革の学生カバン。アディダスやマジソン・スクエア・ガーデンのスポーツバッグを持つのも流行った。

足元 ローファー以外に黒のストラップ式革靴も多かった。靴下は白で、長さはふくらはぎの中間くらいまで。写真のように、足首で三つ折りする子も。

1980年代 後半

タータンチェックスカート登場！

都内の私立女子校が採り入れたことで、全国的に広まったタータンチェックスカートとブレザースタイル。膝丈のスカートが斬新だった。英国の伝統を感じさせる端正なタータンチェックスカートが、ずるずると長いスカートを駆逐《くちく》し、モデルチェンジブームを巻き起こした。全国のモデルチェンジ校で従来のブレザーやセーラー服からこのタイプに変更した高校は全体の約8割というから驚きだ。

上着 青に近い明るめの紺色の上着に金ボタン。従来の学生服はセーラー服にしろ、ブレザーにしろ、黒や紺がベースだったため、色のバリエーションが広がった。

膝 膝丈のスカートに似合うのがハイソックス。白もアリだが、スカートの色味にあわせて紺や茶などのハイソックスをあわせることも。靴はローファーで決まり。

1990年代 女子

これまでになく色が明るく華やかに

茶色、キャメル、緑、グレーなど、色合いにバリエーションが生まれた。紺×緑といった落ち着いた色合いが多かったタータンチェックスカートにも赤系が増えた。ブレザーの胸元にはエンブレムがあしらわれた。全体的に派手になったが、「可愛い制服」が生徒集めの鍵となったため、制服モデルチェンジの動きが加速した。

胸元 リボンタイが流行した。リボンは蝶ネクタイのようにすでに成形されているものを、首に巻く。ブレザーは3つボタンの上2つだけをとめるのがカッコよかった。

足元 白い靴下をくしゅくしゅとたるませてはいたり、ゴムを抜いたりしてはくのが流行する。やがて「ルーズソックス」として商品化され、全国の女子学生の間にまたたく間に広まった。

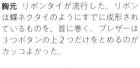

1990年代 男子

みんなやってた！ ズボンの腰ばき

女子の制服モデルチェンジに連動する形で、黒い詰襟からブレザータイプが増えた男子制服。1990年代はストリートファッションの影響を受け、本来はフォーマルな服であるブレザースーツを「着崩《きくず》す」着こなしが大流行した。特筆すべきが「腰ばき」スタイル。ウエスト丈ではなく、お尻の真ん中あたりまでずり下げてはくのがカッコよいとされた。

胸元 シャツのボタンを外して胸元をはだけ、ネクタイもゆるめる。

1990年代 後半

コギャルスタイル

バブル期の女子大生ブームが終わり、渋谷の女子高生が「コギャル」と呼ばれ時代の主役に躍り出る。スカートはとにかく短く、膝下はルーズソックスでボリューム感を出し、ウエストラインをカーディガンでカバーするといった、独特のシルエットが特徴。コギャルを真似た「なんちゃって制服」も登場したほど、女子高生スタイルが世の中を席巻した。

ウエスト スカートのすそ切りが続出。服装検査が厳しい学校ではウエストを二重三重に折り込むことでスカート丈を短くした。その分、プリーツが乱れ、ウエストラインが崩れたが、スカート丈を優先した。

足元 120cm丈、150cm丈のルーズソックスも登場。ますます過激さを極めた。ヒールの高いローファーも登場したが、ゴム抜きルーズをはくときは、あえて地面すれすれにたわませ、ローヒールをはいた。

2000年代

進化した男子詰襟学生服

明治時代に採用されて以来、ほとんどデザインが変わらなかった男子詰襟にもニューウェーブが登場した。生地に織柄が入っていたり、ポケットや袖口などにデザイン性を持たせたり。着心地も追求し、机の上で前傾姿勢になったとき（勉強時）に楽でいられる上着も開発されている。家庭での洗濯OKは基本。防汚、防臭効果など素材レベルで研究されている。エコに気を配ったリサイクルできる制服も登場。

襟元 マオカラーになっている。ひと昔前の詰襟の定番だったプラスチック製のカラーは今や少数派。襟に白いラインを入れることで、カラーの名残をとどめたタイプも。

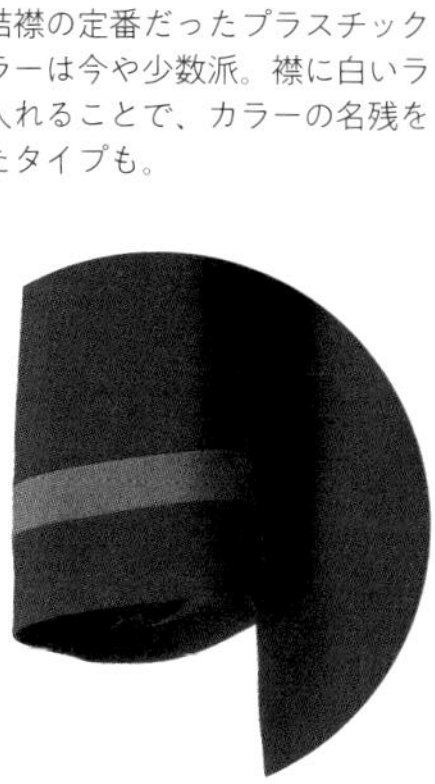

袖口 女子服に比べてデザインに遊びは少ないが、袖口やボタン等でファッション性を高めたものも。

2000年代 後半

清楚な着こなしが復活

制服の着崩しを極めた90年代のコギャルブームが終息すると、その反動のように、きちんとした清楚《せいそ》なスタイルが好まれるようになった。上着の色は黒に近い濃紺が用いられ、スカートのチェック柄も落ち着いた色合いが主流となった。スカートは超ミニからやや長めのミニ丈に戻る。制服のない学校の生徒が、このような学生服風の私服を着て通学する現象もみられた。

胸元 女子のネクタイもきりりと締める。エンブレムは小ぶりに。オーソドックスなアイテムをトラッドに着こなす。

足元 90年代後半から見られた紺のハイソックスが主流に。ハイヒールタイプのローファーと組み合わせると脚長効果が高かった。ルーズソックスは絶滅。

2010年代

無理をしない ゆるーい着こなし

これまで厳重に守られていた女子学生のドレスコードが緩み、やせ我慢をしなくなった。寒くなったらタイツをはき、靴擦《くつず》れするローファーはやめてスニーカーに履き替えた。もともと服装規定がゆるい公立高校では自由な着こなしが復活し、パーカーなど、私服アイテムが制服に持ち込まれるようになった。スカート丈は長くなり、膝上丈に。

カバン リュック通学が増えている。ゆとり教育が見直され、教材の数も多く大判になったため、重量が増え、手提げカバンでは対応できなくなっているのが現状。

足元 スカート丈が長くなったのと連動し、靴下はどんどん短くなっている。現在のトレンドは足首の長さ。靴は歩きやすいスニーカーが選ばれている。

東京の高輪台《たかなわだい》にある頌栄《しょうえい》女子学院と、
板橋《いたばし》にある大東文化《だいとうぶんか》大学第一高等学校を
お訪ねしました。
頌栄女子学院のブレザーと
タータンチェックスカートは日本最初のもの。
一方、大東文化大学第一高等学校は
2019年（平成31）4月入学生より
採用予定のものです。
平成の30年間でデザイン・色・柄において
世界に類を見ないほど
バリエーションが加わった日本の女学生服。
この発端と最前線について取材しました。

頌栄女子学院中学校・高等学校

日本の女学生服を一変させるきっかけとなったのが頌栄女子学院の制服だ。しかし、なぜ、どういった経緯でエンブレム付きブレザーとタータンチェックスカートが導入されたのか？　日本学生服史におけるエポックメーキングな制服であるにもかかわらず、巷《ちまた》に伝わる情報は少ない。弥生美術館理事長の服部が同校出身であるよしみで、服部と2人、少々強引に押しかけてしまった。

頌栄女子学院は都営浅草線高輪台駅を出てすぐの場所にある。続々と生徒さんが改札を出てくる。この日はクリスマス礼拝にあたるため、普段より登校時間が遅いようだ。

青みの強いジャケットに、赤×茶系チェックと青×茶系チェックのスカート。いずれも茶色のハイソックスとよく調和している。裾にとめた大きなキルトピンが光る。スカートの後ろの部分だけ少し色合いが違っているのは、長く着ている3年生だろうか。なかにはプリーツの折り目が少々甘い生徒さんも。街で見かけるピシッと折り目のついた合繊のプリーツスカートとはまったく違う、上質なウールならではの柔らかな風合いだ。

副校長の伊賀《いが》﨑《さき》真先生が取材に対応してくださった。とても気さくで温かみのある雰囲気の先生だ。お若い頃はさぞ生徒に人気だったろうと隣の服部を見やると、瞳がキラキラと輝いている！　伊賀﨑先生は服部の在学中に新任の美術教師として赴任してこられ、当時は、学院生の間でアイドル的存在だったそうだ。

先生によると、1984年（昭和59）に迎える創立百周年事業の一環として、1980年（昭和55）頃に制服モデルチェンジの話がもちあがったそうだ。当時、若手の美術教師として奮闘していた伊賀﨑先生が、当時の学院長である岡見如雪《なおゆき》先生に抜擢され、学院長のイメージを聞き取って、イラストに描きおこす役目を仰せつかったのだという。何と、日本の女学生服を変えた頌栄女子学院の制服は、学院長と若き美術教師がデザインしたものなのだ！

「いいえ。僕の描いたデザイン画は一蹴されてしまいました（笑）。ネクタイを描いた

［左］中学生の制服。スカートは赤系チェック。このほかに夏用のスカートがある。中学生のブラウスは丸襟で長袖と半袖がある。スカートはセーターとベストも制定されており、これらのアイテムを自由に組み合わせて着ることができる。
［右］高校生の制服。スカートは青系チェック。高校生のブラウスは角襟。中高ともに、ブラウスの第一ボタンを開けるのが規定。岡見如雪学院長のこだわりで、女の子は襟元が一番きれいなのだから隠してはならないとのこと。（写真提供：頌栄女子学院）

のがお気に召さなかったようです。女の子は襟元が一番美しいのに、それを隠すのは何事だ！とおっしゃって。それ以降は制服のデザインに参加させてもらえませんでした。学院長*の頭の中には、はっきりとしたイメージがありました。英国の私立学校にあるようなエンブレム付きブレザーと、タータンチェックのスカート。スカートの色は高校生が青系で中学生が赤系と、最初から学院長はビジョンを持っていらしたのです」。当時、ロンドンから西に100kmの場所にあるウィンチェスターの地に「頌栄カレッジ」を設立する計画がもちあがっており、学院長はイギリスに足しげく通っていた。そうしたなかでキルトスカートに目をとめ、自校の制服に採り入れたようだ。

学院長はかなり服飾に関心をお持ちの人物であったようだ。「そうです。とてもおしゃれでダンディな方でした」。服部も思わず言葉を重ねる。「俳優のディック・ミネと同窓生らしいのだけれど、もっとずっとカッコよかったのよ！」

伊賀﨑先生と服部はかつての思い出に浸っている様子で、その場に親密な空気が広がる。そのせいか、思いがけない話も聞かせていただけた。同学院が制服を一新したもう一つの理由である。

1970年代後半から80年代にかけて、ツッパリブームが起こった。伝統あるお嬢さま学校である頌栄には「スケ番」はいなかったものの、その影響は学院生にも及び、スカート丈を長くすることが流行した（モデルチェンジ前は濃紺のセーラー服が制服だった）。少しでも長いスカートをはきたがる生徒に対し、生徒指導の先生が細かく指導を入れるという日々が続いた。「覚えています。こうやって椅子に膝をつけて、スカート丈を見るのですよね」服部が実演してくれた。当時、全国の学校で見受けられた光景だ。

「学院長はそれを苦々しく見ておられ、新しい制服にしたら、そこから解放されると思われたようです。また、学院生には上質で良いものを着せたいという思いが強かったのですね」。おしゃれを楽しむことを知る学院長は、皆に愛される制服を欲したのだろう。新制服の作成は学院長を中心に進められた。

ブレザーの胸にあるエンブレムは伊賀﨑

先生がデザインした。「学院長より中学は赤、高校は青とイメージをうかがっていたので、渋いえんじ色と濃紺を使いました。SHOEIの文字を普通のローマ字にすると何となく軽い感じがしたのですが、レタリングの本をめくっているときに花文字にすることを思いつき、中央に百合の紋章をあしらいました。学院長はとても気に入ってくださいまして。私が制服に貢献できたのはそこですかね」。

新しい制服が中学と高校の1年生に採用されたのが1982年（昭和57）4月。2年生、3年生たちは新1年生の制服に羨望のまなざしを向けたという。

街に突如として現れた、チェック柄スカートの女学生に世間も驚いたのでは？「最初はとても注目されました。研修旅行で奈良公園を歩いていたときなんて、人がわっと集まってしまったこともありました（笑）」。世間に相当なインパクトを与えたようだ。

新制服によって同学院のイメージがガラリと変わった。明るくモダンな学校であると評価され、制服に惹かれて入学してくる生徒が増えた。偏差値もぐんと上がったという。絶大なる制服効果！　学院長は学校経営者としても、さぞ鼻が高かったことだろう。

「いいえ。制服効果などと揶揄《やゆ》されることを嫌がられて、反対に制服をPRすることを禁じてしまわれたのです。よく、制服図鑑的なものに本学院の情報が載っていますが、こちらから情報発信したものではないのですよ」。知名度に比して、ビジュアル情報が少ない原因がこれでわかった。制服を生徒集めの目玉にしたり、成功した学校を模倣したりすることは、ダンディな学院長の趣味ではなかったのだろう。

校内に展示している制服を特別に見せていただいた。ウールの手ざわりが心地よい。驚いたことに、スカートは巻きスカート状になっており、巻き方も通常の巻きスカートとは反対向きである。きっと本場のタータン・スカートと同じ作りなのだろう。腰の部分にある2本の細いベルトで布を合わせ、裾はキルトピンで留める。頌栄のスカートは普通のミニスカートではなく、イギリスの伝統ある男女兼用の巻きスカートを採用している。だから、その伝統に倣って膝丈で着用するようにと学院では指導しているそうだ。

伊賀崎先生が続ける。「生地の色は1本1本の糸の色が合わさって作られたものです。点描のように離れて見て初めて色が見えるので、深い色になっているのですね。プリントではない、糸が織りなす色。私たちは今後もこの制服を大切にしてゆきたいと思っています」。

現在の学院長である岡見清明先生にもご挨拶をさせていただいた。銀髪をきれいに撫でつけた紳士である。三つ揃いのスーツを品よく着こなしていらっしゃる。清明先生は新制服を考案した如雪《なおゆき》先生のご子息で、面差しや雰囲気がよく似ておられるそうだ。

ブレザー&タータンチェックスカートが同学院より誕生し、それが全国的に広まった理由が何となく感じられた。優れた審美眼を持つおしゃれな学院長が、本場のスタイルを研究し、学院生のために創り上げたものなのだ。おしゃれな人が創った格調高い女学生服。だから、日本中が真似したくなったのだ。

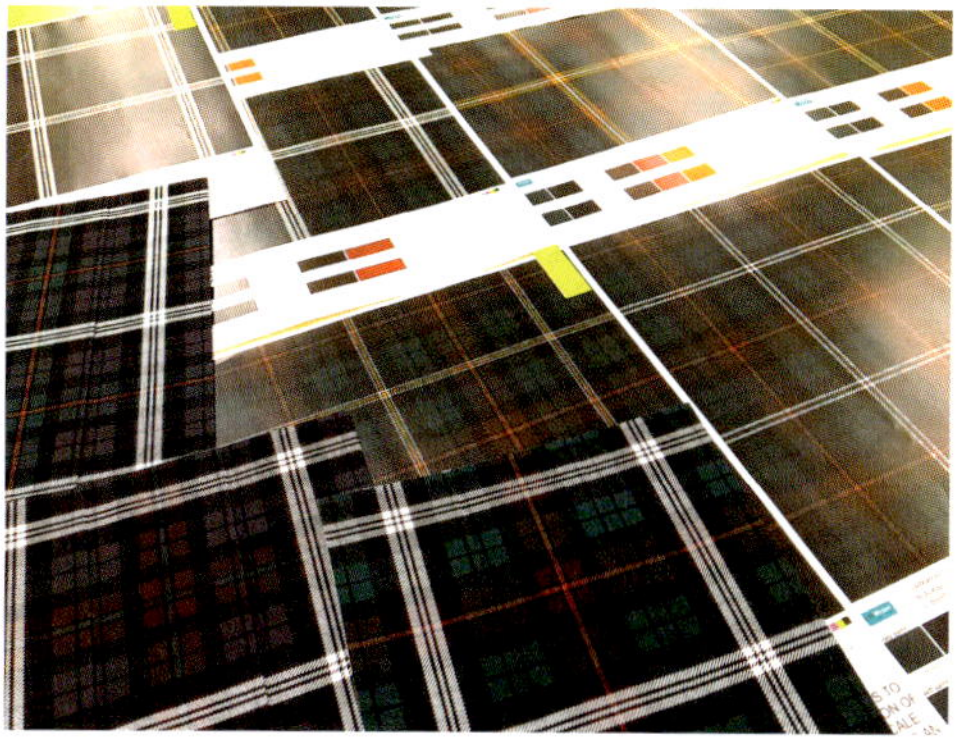

［左］現在の制服を見てもらい、イメージを伝える。
［右］抽出したカラーや大東一高の精神をデザインソースにタータンを作成。
このページの写真（写真提供：株式会社トンボ）

＊現在の学院長は岡見如雪氏の子息である岡見清明氏であるが、本稿は新制服制定当初を回想したものなので、如雪氏を「学院長」とした。

大東文化大学第一高等学校

板橋にある大東文化大学第一高等学校を訪ねた理由は、同校のスカートに採用予定のタータンチェックが学校オリジナルであることを株式会社トンボより教えていただいたからだ。学生服のトップメーカーの一つである同社は1998年（平成10）より、スコットランドのロキャロン社が手がけたタータンを制服に導入し、2018年（平成30）までに100校以上のタータンを扱っている。関東近郊の学校として大東文化大学第一高校（以下、大東一高）を紹介していただいたのだが、思わず「すごいですね！」と声をあげてしまった。

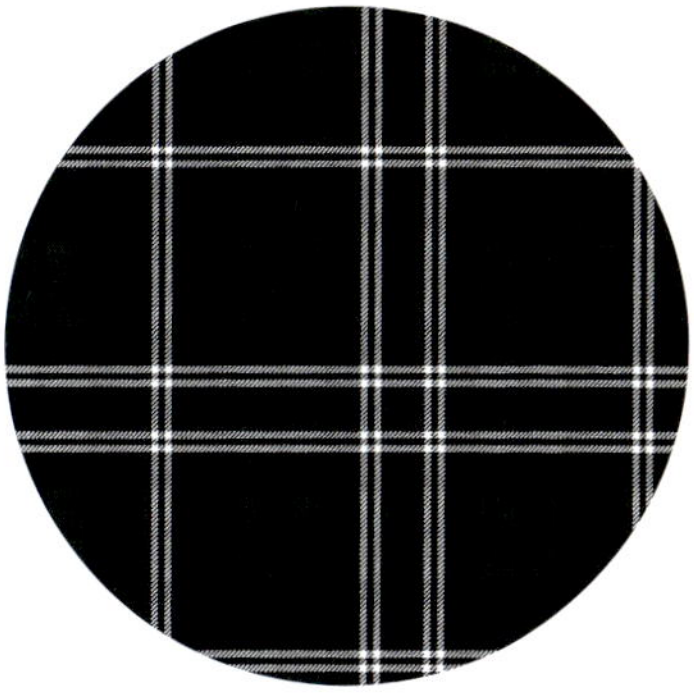

完成した大東一高のオリジナルタータン

ロキャロン社はタータン好きなら知らぬものはいない、本場スコットランドの最大手タータンメーカーだ。企画・デザイン・製造を一貫して行っており、イギリス王室や、BURBERRYやDAKSのタータンもデザインしている。

少し専門的な話になるが、タータンとは「ウール」で「綾織」の「上下左右対称の格子柄」の布地を指す（日本では「タータンチェック」と呼ぶのが一般的であるが、正しくは「タータン」）。格子柄のウール地自体は古来からあるが、スコットランドで体系化され、スコットランドを、そして今や英国全体を象徴するテキスタイルとなっている。90度に交差する経糸《たていと》と緯糸《よこいと》の、色・本数の組み合わせ方で無数の柄を作り上げることができる。スコットランドには政府が運営するタータン登記所があり、世界中のタータンを登録・管理しているが、ここに登録された「正式な」タータン柄だけでも8131種あるという（2019年1月23日現在）。「クラン（氏族）・タータン」「ミリタリー（軍隊）・タータン」「ロイヤル（王室）・タータン」「コーポレート（企業）・タータン」に大別されるが、いずれも色には所属する集団のアイデンティティが込められている。

つまり、タータンの精神は学校制服のデザインと非常に似通っているのだ。タータンが日本に本格的に輸入され始めたのは明治以降というが、平成の30年間で数多くのタータンスカートが生まれた背景には、学校制服とタータンの親和《しんわ》性《せい》が高かったことも見逃せない。

大東文化大学板橋キャンパスの一角にある高校をお訪ねし、今井純先生よりお話をうかがった。トルソーに女子用の制服を着せて飾られている。2019年（平成31）4月からこちらの制服に変更予定だが、学校説明会等での評判は上々、例年に比べ女子の志願者数も増加した。

大東一高では10年に一度の頻度で制服の見直しをおこなってきたが、今回の制服変更はパーツごとのマイナーチェンジではなく、全面的に変更するフルモデルチェンジにした。

現在の制服に続いて新制服も担当することになった株式会社トンボは、同校が国際理解教育に力を入れていることに注目し、ロキャロン社製のオリジナルタータンを提案した。資料には「国際色豊かな校風に相応しい『本物の品格を』」とのコピーが躍る。

大東一高では「ホスプロ（ホスピタリティ・プログラムの略）教育」と称して、海外の生徒を学校に迎え、授業体験等をして交流を行っている。動画を拝見したが、インドネシアの学生を懸命にもてなす大東一高生の姿はとても微笑ましく、すがすがしく、日本の未来に期待がもてる光景だった。そんな彼らの後輩たちが着る制服のタータンとは。

スクールカラーである「大東グリーン」とネイビーを組み合わせたオーソドックスなものだ。しかし、はっきりと入った2本の白いラインが、ありそうでなかった新鮮さを感じさせる。ネイビーは「凛々《りり》しさ、スマートさ」を、黒は「何色にも染まらない自分らしさ」を、白は「新しい出発」を象徴している。ロキャロン社にトンボの担当者が出向き、大東一高を表現するカラーを抽出し、打ち合わせを重ねて作ったタータンだ。

「今回採用された制服は、トンボのデザイナー坂本梨乃さんの気持ちのこもったデザインなので、本校のシンボルとして末永く生徒に着用してもらいたいです」と今井先生は語る。

新入生には自分の着ている制服が大東一高オリジナルタータンであることに誇りを持ち、その意味を感じ取ってほしいと思う。ますます国際化が進む社会に羽ばたく大東一高生にふさわしい制服なのだから。

頌栄女子学院中学校・高等学校

1884年（明治17）、岡見清致が創設。1962年（昭和37）、創設者の孫である岡見如雪が理事に就任し、キリスト教主義的教育を強める。帰国子女の受け入れにいち早く対応し、現在は学生の20%以上を帰国生が占めるなど、英語教育に力を入れている。現在は中高完全一貫の女子校。

大東文化大学第一高等学校

1962年（昭和37）創設。大東文化大学の付設高校で、同大の板橋キャンパスの一角にある。1995年（平成7）に男子校から男女共学の高校になった。中学はない。

佐藤ざくり
「たいへんよくできました。」
『マーガレット』
2014年17号表紙絵

Part 5

女学生のいる光景
漫画・イラスト・セレクション

漫画家の佐藤ざくり、今日マチ子、イラストレーターのかとうれい、和遥《かずはる》キナの作品をご紹介します。それぞれの作家が描き出す青春の輝きをお楽しみください。

今日マチ子

誰もが心の中に持つ青春を描いて

漫画家デビュー作である『センネン画報』より、珠玉の5編を紹介します。新しい漫画技法に挑んだ意欲作でありながら、幅広い層の心に染み入る名作です。

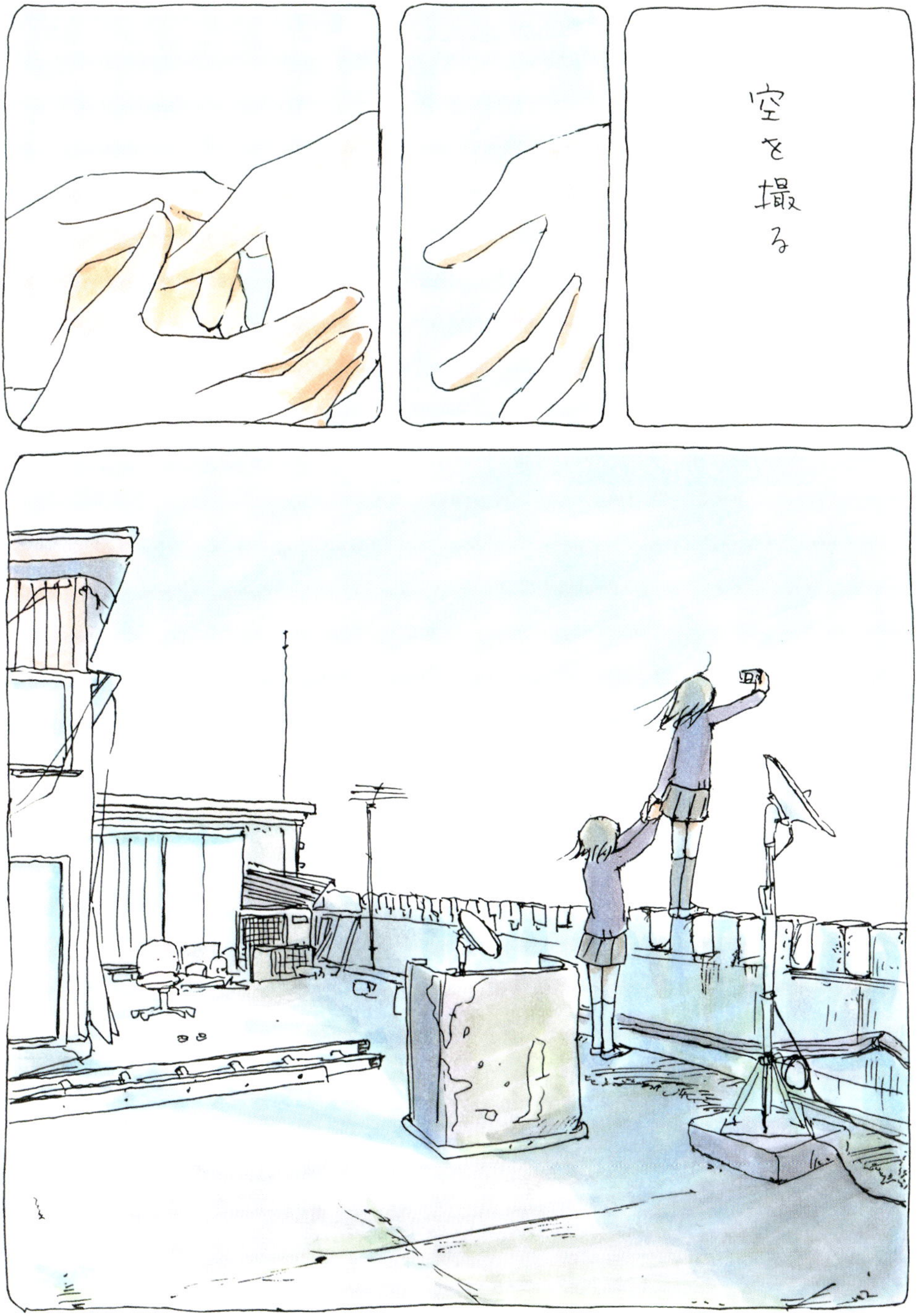

［右］「三脚」 2007年5月15日 紙・ペン・コピック
［上］「空を撮る」 2008年1月22日 紙・ペン・コピック

「冬のにおい」 2007年9月3日　紙・ペン・コピック

「まちぶせ」 2009年11月3日 紙・ペン・コピック

「海をみにいこう」
2009年6月7日
紙・ペン・コピック

今日マチ子［きょう・まちこ］

東京生まれ。漫画家。東京藝術大学美術学部、セツ・モードセミナー卒。2004年から毎日ブログにて綴った1ページ漫画『センネン画報』（太田出版）が注目され2008年に刊行。手塚治虫文化賞新生賞等受賞歴多数。著書に『cocoon』（秋田書房）『いちご戦争』（河出書房新社）ほか、多数。

インタビュー　今日マチ子

『センネン画報』はもともと自分のブログで毎日1編ずつ発表していた作品です。自分の練習のために、上達したいと思って描き始めたものです。千枚くらい描いたら上手くなるだろうという意味合いで、『センネン画報』とタイトルをつけました。

描き続けるにつれて、徐々に人物が絞られていき、登場するのは女子学生と男子学生の2人というスタイルに落ち着きました。キャラクター設定等はあえてせず、非常に匿名性の高いものになっています。どこの誰でもない、皆の心の中にある青春の原風景みたいなもの、それを抽出して絵に描きおこしています。

キャラクターの匿名性が高いことで、多くの方が共感しやすいのかもしれませんが、当時はただ、今ある漫画表現をきちんと考えたい、いわゆる漫画ではない方法で漫画を描いてみたいという気持ちでした。1ページだけで、セリフがなくて、主人公のキャラクター性が非常に薄い。この方法で頑張ることができたら、「普通」の漫画表現ができるようになるのではないかと考えていました。

女子学生と男子学生を描いてはいますが、作品に自分の学校生活や恋愛体験は……反映されていません（笑）。おそらく、プロトタイプとしての青春像だと思うのです。どちらかというと、自分が通らなかった青春、でしょうか。自分と関係がないからこそ自由に描けたのであり、長く続けられたのだと思います。自分の経験を描いてしまうと作品の世界観を狭めてしまいます。私はその生活を送っていなかったけれど、思春期のイメージとはこういうものなのではないかと思いながら、〈普遍的な青春〉を描いたつもりです。ノスタルジーのなかで安心できる世界、という感じでしょうか。

『センネン画報』には普遍的な少年少女の心の動きが入っている。だから、年齢や性別を問わず、皆さんが親しんでくださると思うのです。私にとっては、これを描くことが、まだ漫画家を目指し、もがいていた当時の心の支えでした。

私自身は個性や自由を重視する学校で学び、それらを叩き込まれて育ってきました。中高生時代は私服通学だったのですが、漫画家として制服姿の登場人物を描いたことで、むしろ「個性ってなんだろう?」「その人らしさとは何だろう?」と考えを深めるきっかけとなったような気がします。

個性とは、別に派手な服を着ることではないですよね。制服を着た姿の内側から浮かんでくるその人らしさ、それが個性ではないかと思います。

制服とは決して無個性の象徴ではなくて、むしろその人らしさであり、逃れられない個性とは何かを考えるきっかけを与えてくれるものかもしれません。

（2018年12月21日　談）

かとうれい

ロマンチックあげるよ

みずみずしい感覚でポエムを紡ぎ、
ロマンチックな女の子を描く
かとうれい。
「遠出」
「退屈すぎる青春と僕らの距離」と
ポエムは
本書のためのかき下ろし作品です。

眠たくなるほど平凡な毎日に
だいたい同じような景色
あいも変わらず
君がくれる幸せが好きだ

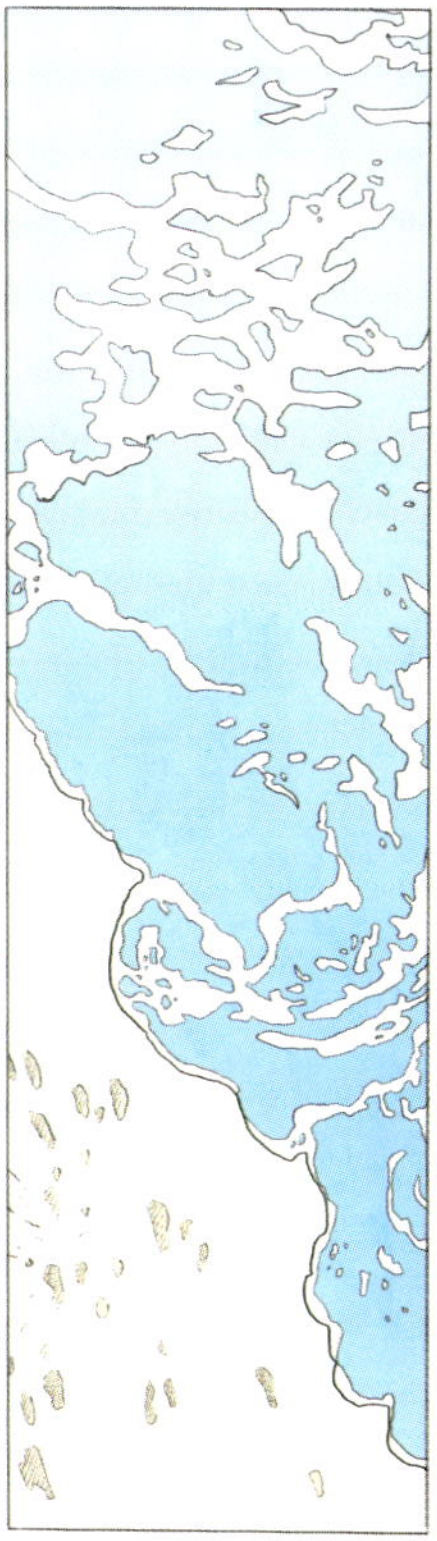

思い出にしたくないな
この一瞬も その笑顔も
どこまででも行けそうな
短いスカートが揺れる

[右]「小さな幸せ(ポッキーの日 2018)」2018年
[左]「遠出」2019年

色を無くした想いも
その瞳にはもう映らない
輪郭をなぞるように
あの子は
いつも光の中にいた

水彩のような日々は
やがて泡となって
波の行く先を知らない僕らは
いつまでも大人になれない

［右］「光」2016年
［左］「青い春」2017年

［上下ともに］サイダーガール「約束」CD ジャケット 2018 年
ユニバーサルミュージック合同会社

かとうれい

1992 年生まれ、東京在住。青春を感じるような、甘酸っぱくロマンチックな世界観を描くイラストレーター。2015 年に初画集『girl friend』（宝島社）を出版。オリジナルグッズの制作をはじめ、広告、挿絵、CD ジャケット、映像等多岐にわたりイラストレーションを手がける。

随分と遠くまで来た気がする
退屈すぎる日常に揺られながら

幼い足どりで辿り着いた　この旅に名前を付けよう
淡い陽射しに3月の空に　一房の想いに

青い春が咲く頃　君と居たいだけなのに
そんな単純なことも　言葉になってくれない
でも、まあ　うん　いいか
いつかまた今日が来ても　思い出せるように

青春が過ぎてゆくのを　ただただ見送った
君は笑った　君と笑った　君と

青い春が咲く頃　君と居たいだけなのに
そんな単純なことも　言葉になってくれない
でも、まあ　うん　いいか
いつかまた今日が来ても　思い出せるように

退屈すぎる青春と僕らの距離を

いつまでも青いままの君と

「退屈すぎる青春と僕らの距離」2019年

「わたしの三年間」2018年6月

和遥《かずはる》キナ

女子高生は日本が誇る文化だと思う

日本の女子高生を
「日本が誇るべき
美しい文化である」と確信し、
女子高生に寄り添いながら
「毎日ＪＫ企画」を描き続ける和遥キナ。
「グラウンドの思い出」
「冬の幻」は
本書のための描き下ろし作品です。

「君の夢が、終わるまで」2018年12月

[右]「グラウンドの思い出」2019年1月
[左]「泡沫の夢」2017年4月

「冬の幻」2019年1月

和遥キナ［かずはる・きな］

イラストレーター。青春クリエイターとして、女子高生を日本のポップカルチャーとして描き続けている。書籍の挿画を中心に活動中。著書に『青春女子高生 毎日JK企画』（KADOKAWA）ほか。

エッセイ 和遥キナ

私が街中で見かけた女子高生をスケッチする「毎日JK企画」を始めたのは、「今」を残しておきたい、と感じたからでした。

女子高生——それは常に変わりゆくものです。

着こなしの流行だけでなく、女子高生の持つ一瞬の煌きは、1分1秒ごとに変わっていく。刹那的で、それ故に無くし難い時を過ごしているからです。

そんな想いで描き始めた「毎日JK企画」は、男女の両方から大きな反響をいただきました。

女子高生本人たちからは「わかる」と。

OGたちからは、「嬉しい」と。

そして男性たちからは「尊い」と。

こうした反応をいただくにつれ、今度は別の想いが膨らんでいきました。

それは、「女子高生は誰かのためのものじゃない！」という気持ちです。

私は「女子高生は、女子高生のものだ」ととらえ、その世界観を絵として表現してきました。誰の依頼もなく、個人で絵を描く時はその信義に反することなく活動し続けています。

しかし同時に仕事として萌え文化に近いところで活動してきた私は、コンテンツとしての女子高生をたくさん見てきました。市場に受ける絵がどんなものかも理解しています。

しかしそれは、私の知る限り「実際に存在している女子高生たち」とは全然違う。そのことに最近では危機感さえ抱くようになっていきました。

私は「毎日JK企画」の活動を通して、女子高生は日本の誇るべきポップカルチャーであると確信しました。

海外の方にも支持いただき、その中で

「毎日JK企画」より
© 和遥キナ

「女子高生」という概念は日本にしかなく、それ故に海外の方にも興味を持って見ていただけるのだとも知りました。

フジヤマ、サムライ、女子高生。そんなふうに紹介される日も遠くないかもしれません。

しかしそんな時に浮かぶのが、「消費される形としてのＪＫ」です。

萌え文化は、日本の誇るべきカルチャーとして海外の方にも支持いただいています。そこに混ざる「コンテンツとしての女子高生」が、海外の人が知ることになる女子高生であって良いのだろうか？

「リアルな女子高生文化」も正しく世界に届けることはできないだろうか？

何度も自分に問いかけ、私は今まで萌え文化の中で絵を描いてきた自分だからこそそれができるのではないかと考えました。

外側からのアプローチではなく、内側からでしか壊せないものは確かにあります。

女子高生は、女子高生のものだ！

その価値観を丸ごと伝えたい。彼女たちの日常に恥じない「女子高生」を形にしたい。

そう思い２０１８年（平成30）、『青春女子高生』という作品集を上梓いたしました。

実際の女子高生たちにヒアリングをして制作した青春女子高生には、「２０１８年のリアル」が詰まっています。

今後も私は、その時々のリアルを形にして、残していきたいと考えています。

女子高生という一瞬の煌き《きらめ》。

誰のものでもない、気高さ。

形にすることの難しい世界を表現することに、これからも挑戦し続けます。

「毎日 JK 企画」より
© 和遥キナ

佐藤ざくり
「たいへんよくできました。」
『マーガレット』
2014年 第3話扉絵

Part 6

GO! GO! POP CULTURE!

「制服モデルチェンジブーム」によって、
全国の高校の約8割が
制服更新を行ったといいます。
1件の制服コンペには
複数社が複数のデザインを出してきます。
熾烈《しれつ》な争いが重ねられた結果、
学生服はどんどんブラッシュアップされ、
〈ティーンエイジャーをもっとも可愛く見せる服〉
へと変貌したのです。
〈可愛い制服〉はアイドルの衣装や
ゲーム・アニメ・漫画の世界においても
欠かせない要素になり、
さらなる進化を遂げました。
このようにして発展した日本の学生服は、
外国人の目には
「日本的なもの」として映るそうです。
今や日本発信のポップカルチャーとして
世界の注目を集める制服について
多角的に紹介します。

Essay

制服ウオッチング

青木光恵

AKB48グループの衣装を手がけるオサレカンパニーが2016年（平成28）に立ち上げたO.C.S.D.（オサレカンパニー スクールデザイン）。老舗制服メーカーAKASHI S.U.C.（明石スクールユニフォームカンパニー）とコラボレートして実在の学校制服を作っています。アイドル衣装と学校制服というと、夢と日常という感じでかけ離れたもののように思えるのですが……。

AKASHI S.U.C.にうかがって現物を見せてもらい、営業本部 スクール第二販売部部長の榊原隆氏にお話をうかがいました。

「お洒落だし可愛いけど、これって渋谷

ジャケットの上にリボンって珍しい。そして可愛い!!
熊本県立 芦北高等学校
・白ではなくてゴールドがかったベージュのライン。高級感あるし汚れても目立たなさそうなのがとても良い～❤
えりのパイピングの青がしまる!
・折り返し良い❤ ラインやボタンなしの引き算の美…
・ボタンに「A」のかざり文字が。ステキ～❤
・ジャケットとスカートは濃グリーン。リボンとパイピングは青。
よく見ると柄が凝ってるスカートのストライプ

ならともかく田舎だと浮くんじゃない？」

というのがO．C．S．D．の制服のイメージビジュアルをウェブサイトで見た最初の感想でした。

しかし、実際の学校用に作られた制服の実物を見てその考えは払拭されました。派手すぎず地味すぎず、可愛くて細かいところが凝っていて、高級感もあり、誰が着ても似合いそう！「さすが10年以上たくさんの女の子とコミュニケーションを取りつつ衣装を手がけてきた茅野《かやの》しぶ率いるオサレカンパニー！」と、いち制服ファンとしてうなりました。

――創業150年以上になるAKASHI S．U．C．が今回オサレカンパニーとコラボに至った経緯は？

「世の中にないもの、新しいものを作りたいという気持ちからです。オサレカンパニーさんの方ももっと枠を広げたいということでお互いにアプローチしました」

――このコラボのコンセプトは？

「学校を一つのブランドと考え、生徒が主役、生徒が着たいものをと考えています」

――オサレカンパニーとのコラボで今までと違うところは？

「自社のデザイナーからは考えられないような面白い発想が出てきます」

――学校制服としての既成概念にとらわれないということですね。具体的にはどういったことが？

「たとえばエンブレムですが、私たちは従来あるような四角い形で考えがちなのですが、丸にしたり、つける位置もセーラー襟の後ろになど、斬新《ざんしん》です」

――最初にイメージビジュアルを見たときは派手かな？　と思いましたが。

「あれはあくまでも展示用のイメージビジュアルで、実際は、1校1校の要望を聞いて一からデザイン画を描いてやりとりして作っています。その学校のオリジナルです」

――実物を拝見して、学校も生徒も父兄も納得の素敵な制服だと思いました。

「ありがたいことに好評です。これからもひとつひとつ丁寧に、幅広く全国に50校採用を目標に続けていきたいと思っています」

最初はアイドル衣装製作と学校制服製作というのは真逆のように感じていました。でも、アイドルにはなったことはなくとも、学校の制服に袖を通して気分が上がったり引き締まったりという経験をしたことがある方も多いのではないでしょうか？　学校制服でなくても部活や習いごとのユニフォームや衣装、バイトや仕事の制服などなど。そういう意味では衣装と制服は近いんですね。

着るものには魂を引っ張る力があると思います。そう思うと毎日着るものって本当に大事で、それが可愛いなんて最高で最強じゃないですか？

Essay

リアル制服から生まれたアイドル衣装

森 伸之

制服だけじゃない！　インディーズ・アイドルにも詳しい森伸之氏に、実際の学校制服をステージ衣装にアレンジしているアイドルグループについて教えていただきました。

◆◇◆

アイドルのステージ衣装には、学校制服をモチーフにしたデザインがよく用いられる。そのなかで、ひときわユニークな衣装を採用しているのが、９６３（くるみ）というグループだ。

９６３は福岡県久留米《くるめ》市のテレビ局の企画として、２０１３年（平成25）に結成された。２０１５年（平成27）８月、中学生２人組のユニットとして再デビュー。現在は「ぴーぴる」「れーゆる」の女子高生２人組で活動する、福岡市のご当地アイドルだ。ジャジーなヒップホップトラックにのせて10代女子の気持ちを歌う個性的なスタイルは、東京のライブシーンでも注目を集めている。

再デビュー以来変わらないという９６３のステージ衣装は、紺×緑のチェック柄のジャンパースカートに、白い長袖のブラウス。学校帰りにそのままステージへ出てきたのかと思うほど、学校制服っぽいデザインが特徴だ。それもそのはず、彼女たちのマネージメントを担当する株式会社ラフェイスの池田正央氏によれば、この衣装は「福岡市の市立中学の夏服をアレンジしたもの」だという。「制服っぽい」どころか、実は本物の学校制服だったのだ。

「最初のイメージは『アメリカのださい女子高生』でした。スカート長めで、白いスニーカーを履いているような」という池田氏。スレイ・ベルズ（アメリカのエレクトロ・パンク・デュオ）のミュージックビデオで、ボーカルの女性が吊りスカート風ジャンパースカートを着ているのを見て、制服のアレンジを思い立ったという。

福岡市内の市立中学では、一部の学校をのぞき共通の制服（標準服）が指定されている。２０１１年（平成23）度に採用された現在の夏用標準服は、脇が開いたチェックのジャンパースカートだ。

「もとの制服は胸の部分がエプロン風になっていますが、そこをＶ字に切って吊りスカートに改造しました」。最初の２着は大手芸能事務所の衣装部門に改造を依頼、それを見本に東京都内のお直し専門店でさらに2着を製作したという。

スカートは、膝頭くらいの微妙な長さ。短いソックスにスニーカーを合わせ、ブラウスのボタンは一番上まできっちり留める。池田氏が「いかに田舎臭さを出すかがポイント」というこの衣装を、2人の美少女がさらりと着こなしているあたりも、963の面白いところだ。

「学校の制服みたいだから、電車で移動するときも普通にこの衣装です」という、ぴーぴるさん。中学時代はこの制服で通学しながら、同じ制服の改造モデルをライブで着用し、高校生になった今も変わらず着続けている。「ずっと同じだから少し飽きてきたけど……、でも嫌いじゃないです（笑）」。

一方れーゆるさんは「デザインが制服そのままなので、ライブは学校に行くような気分です。アイドルっぽいフリフリ衣装は、自分で着るのは恥ずかしい。この衣装はむしろかっこいいと思います」と話す。

福岡市立中学の標準服をアレンジした衣装を着た963メンバー。
撮影者：yossy
掲載媒体：『Rocket』（Rocket Base）

ところで福岡市では現在、性別に関係なく服装を選べるデザインを視野に、標準服の見直しが検討されている。「イメージの刷り込みという意味でも、当分この衣装を変える予定はありません」と語る池田氏は、夏用標準服の変更に備えて、現行モデルの買い増しを考えているという。

2015年（平成27）のデビューから、現時点ですでに3年半以上。アイドルグループが、これほど長く同じデザインの衣装を着続ける例は少ない。この衣装はリアルな制服をベースとしているだけではなく、いまや着用期間の長さでも、リアル制服の域に達しつつある。

楽曲の魅力とメンバー2人の魅力はもちろんのこと、ほかにはない個性を持ったこの「制服衣装」も、963の大きな魅力のひとつだ。そして、実在の学校制服とアイドルのステージ衣装との関係を考えるうえでも、非常に興味深いケースと言えるだろう。

Essay

アニメ・漫画・ゲームの世界で描かれた女学生服

水元ゆうみ

アニメやゲームの好きな同人作家・水元ゆうみ氏にアニメ・漫画・ゲームにおける制服表現とその変遷について寄稿していただきました。

◆◇◆

「この物語はフィクションです。実在の人物・団体とは関係ありません」という記載を承知した上で、私見ではありますがアニメ・ゲームに登場する制服について考察してみたいと思います。

アニメ・ゲームでよくある制服

美少女育成SLGの草分け「卒業～Graduation～」（1992年）や、同年に『なかよし』で連載が開始した「美少女戦士セーラームーン」。近年では「ガールズ&パンツァー」（2012年～）など数多くの作品で、長袖部分と身頃が白色ブラウス生地のセーラー服を、冬服としてデザインする例がみられます。理由としては画面が明るく映えるため、と聞いたことがありますが、真冬でブラウス生地というのはいかにも寒そうです。

制服に赤を使う作品も多いですが、現実制服ではスカートの柄物に使われたりする程度で、全身に配色した例はごく少数です。このあたりはアニメやゲーム制服ならではの表現でしょう。

とはいえ、こうした色使いが現実の制服では稀少であっても、創作として、各々の作品が持つ雰囲気によくマッチしていれば、効果的な使用方法だと言えます。「マリア様がみてる」（1998年）は名門女子校。「Kanon」（1999年）は雪国の街。「プリパラ」（2014年）は現代の明るい私立小学校、といった舞台によくなじんでいました。

「ときめきメモリアル」（1994年）のセーラー風襟は、下部が内側へ折れ曲がった形状です。「ときめきメモリアル2」（1999年）「ときめきメモリアル3」（2001年）になると、ほぼ直角に折れ曲がり、通常のセーラー服が持つ（前から見て）不等辺三角形ではなく、不等辺四角形状として表現されています。

　こうした「先端部が途切れたセーラー襟」は面積や切れ込み角度の差はあっても、1990年代末期に相当数の作品（とくにPC美少女ゲーム）で使われたモチーフです。現実制服でも類似したデザインは存在しますが、かくも多用された理由は不明です。

　大正時代の女学校では、識別のために各種の線を袴《はかま》の裾《すそ》部へ入れたとのことですが、現代では裾のラインを採用している学校はごく少数になってしまいました。ところがアニメやゲームの制服では実に多くの作品がスカート下部にラインを使用（作品によっては2本以上）しています。理由として、スカートが単色の場合、単調になるのを防ぐため、アクセント的効果として使ってみた、柄物は描くのも動かすのも労力を要するため、それらがより容易なラインにしてみた、などが考えられます。

　この他、長袖肩部分の不自然なパフ・スリーブ、腰後面にリボンをつけた制服も多かったですが、後者は椅子に座ると辛そうなデザインです。また、ウエストから下へ向けての平面を多めにとり、身体に密着した形式もよく見かけましたが、このタイプは着る人を選びます。

デザインする側の考察

　一方、「けいおん!」（2007年〜）の制服は非常に現実的デザイン。アニメ版でもバッグなどの小道具に至るまで丁寧に描かれています。

　本作のような日常系女子中高生4コマ作品は、キャラクターに現実的要素を多

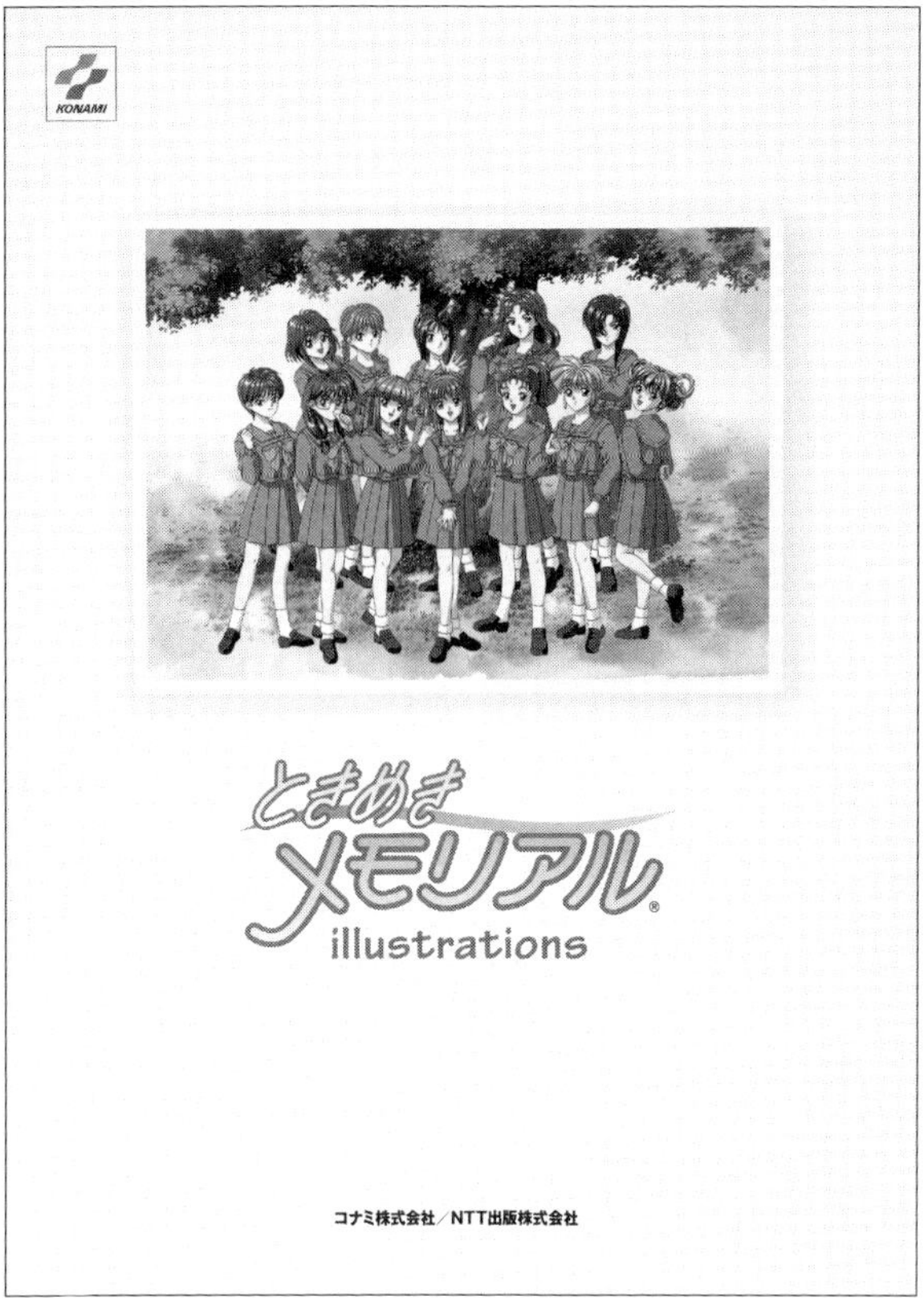

『ときめきメモリアル ILLUSTRATIONS』表紙
1997年3月 コナミ株式会社（現・コナミホールディングス）

く持たせ、親近感を導く傾向があるように思えます。そのためか男性向けコンテンツで多い「ちょっとありえない」制服は少ない印象です。他の作品では女性視聴者を考慮して、下着が見えたり、あからさまな身体のライン強調は作画上NG、とする指示が作画監督から出たケースもあると聞きました。

かきふらい著『けいおん！』1～4巻 2008年5月～2010年10月 芳文社 ©Kakifly

制服デザインの資料収集は、従来は紙媒体が主体でしたが、90年代後半からの急速なインターネット普及により大きく変化。学校公式のサイトはもとより、個人の研究サイト、他のアニメやゲーム作品についても容易に調べられるようになりました。

集めた情報を作品上でどう表現するかはさまざまで、「もともと制服が好き。かつ詳しい人」「詳しくはないが、情報の読み取り・解析・再構築に長《た》けた人」「見た目の萌え絵は得意だが服飾関連の知識には欠ける人」では、結果としていろいろな差が生じます。

アニメやゲームでよく見る制服も、ネットでそれらだけを検索し、現実制服との比較もせず「この作品は有名だから制服もまた現実で多用されているにちがいない」という思い込み、リサーチ不足が招いた可能性が高いのです。

現実世界との相互関係

「ときメモ」で特筆すべき点として、同じ学校が再登場した「ときめきメモリアル4」（2009年）では、制服のモデルチェンジの概念が採り入れられたことです。作中では新型制服の同級生と旧型の上級生が登場しますが、この新型は黒のブレザーに青地の柄物スカートという、それまでのシリーズとは一線を画したデザインです。

「ラブライブ！」（2010年～）では通学する学校を廃校から救おう、という行動原理が物語の発端になっており、前述の「ガルパン」や「TARI TARI」（2012年）なども廃校が絡んでいます。少子化による生徒数減少・廃校危機は昔から指摘されてきましたが、ここに至ってテレビアニメにまで波及するほど、問題が深刻化・一般化していることを示しています。

　1990年代後半からアニメ製作現場で多用、進化してきたCG表現。「ラブライブ！」ではライブシーンで3DCGと手描きを駆使して柄物スカートや衣服の自然な動きを描画しています。

　ゲーム機も2000年代以降は性能が飛躍的に向上。近年ではスマートフォンですらなめらかで詳細な2D／3D描画が可能となり、制服をどう表現するか楽しみです。

　女児向けコンテンツ「アイカツ！」（2012年〜）は、劇中と同型の衣服がアパレルとして商品化されています。主人公たちが通う学園のスクールコートは「大きなお姉さん」が外出用に着てもオシャレなデザイン。コスプレ衣装の域を超えたアパレルを展開可能なのは、バンダイナムコグループという大きな組織を上部に持つ強みでしょう。

　さまざまな角度からアニメ・ゲーム制服を考察してみましたが、結論として、作中の制服をより魅力的に表現させる要素は、アニメならバランスの良い脚本・作画・演出・演技。ゲームなら快適なシステムに何度でも遊びたくなるゲーム内容、に帰結するのではないでしょうか。

「ラブライブ！　サンシャイン!! Perfect Visual Collection II」
2018年12月 KADOKAWA

水元ゆうみ［みずもと・ゆうみ］
アニメやゲームなどが好きな同人作家。それらの情報や批評系の同人誌を多数刊行。現在は同人小説を執筆中。

中国へ進出！

フリー制服メーカーCONOMi（このみ）の挑戦

制服のない学校の生徒さんが、あえて制服風の服を着て通学する現象があります。その動きを牽引《けんいん》してきたのが制服メーカーCONOMiです。原宿の竹下通りにあるショップは場所柄もあって外国人観光客の売り上げが増えていると聞いていましたが、CONOMiが本格的に中国に進出するとの噂を耳にし、相浦孝行社長のもとに駆け付けました。

弊社が海外に目を向けたきっかけは2009年（平成21）2月に外務省の「ポップカルチャー発信使（通称「カワイイ大使」）」をCONOMiブランドとスタッフが拝命《はいめい》したことです。ファッションの分野では「ゴスロリ」「原宿系」そして「制服」が選ばれ、1年間、海外へ向けて「日本のファッション」を発信する役目を務めさせていただきました。

また同時に、パリのジャパンエキスポでファッションショーを開催したり、ローマのROMICSというイベントに参加したり、とても手ごたえを感じました。「kawaii」と同じ感覚で「seifuku」が通じるんですよ！　けれども欧米の方は日本人とサイズ感が違うのですね。別注で作らなくてはならないのでコストがかかる。やはり、ビジネスにするには日本人と体格が近いアジア圏だろうと考え、中国を主軸に準備を進めてきました。

2012年（平成24）、瀋陽《しんよう》に期間限定店を立ち上げた際には、中国の方がどういう目的で「制服」を着るのかつかめず、市場調査的な意味合いがありました。ヨーロッパでは日本アニメの影響が大きく、コスプレ目的の方が多かったのですが、アジアの人たちはそういう感覚では一切ない。日本に来て渋谷を歩いた、原宿を歩いた、ディズニーランドに行った、女の子たちが可愛い制服を着ている、あれを自分たちもやりたい、という気持ちなのですね。中国人客の95％は大学生から20代の女性です。日本の女子高生ファッションに憧れて、タウンウェアとして着ているのです。

この現象に私たちも最初は半信半疑でした。2015年（平成27）、上海《シャンハイ》のギフトショーに初めて出店した際には、ファッションショーでもしないと日本の制服がどんなものかわからないだろうと考え、SNSでモデルを募集したのです。現地の方が数百人応募してくださり、そこから書類審査をして、リハーサルに来ていただきました。そのとき、全員、もうすでに自前の制服を着て現れたのですよ！　驚きました。

中国の制服愛好者は日本のトレンドをとても意識しています。独自にアレンジするというよりは、日本の女子高生のファッションをキャッチアップするとい

［左］ROMICSのファッションショーにて。（写真提供：株式会社このみ）
［右］中国でのファッションショーの様子。日本とほとんど変わらぬ光景に驚く。（写真提供：株式会社このみ）

う形で進んでいます。ネット情報が大きいと思うのですが、日本のテレビドラマや映画への反応がとても大きいですね。今はネット動画で何でも見られる時代なので、言葉がわからなくても日本のものを見ているのです。

CONOMiは2017年（平成29）に香《ホン》港《コン》の有名ショッピングモールである「ハーバーシティ」に出店しましたが、この店はわずか8坪にもかかわらず、驚くほどの売り上げがあります。そしてお客さまの7割くらいは中国からのインバウンド客なのです。上海や広州《こうしゅう》などからお客さまが来てくれる。

香港にCONOMiがあるという情報は中国のSNSウェイボーから入手するようです。もともと情報発信だけはしていこうと、2013年（平成25）くらいにウェイボーの公式アカウントをとりました。今は日本のSNSのフォロワー数より圧倒的に多くなっており、1万4000人くらいのフォロワーがいます。

2018年（平成30）9月にはTmall（天猫）という中国最大のインターネットショッピングモールに出店しました。輸出などのコストがかかるので日本の140%の価格になっていますが、それでも売れています。

現在、中国に現地法人コノミチャイナを作っています（2019年1月より始動）。今は製品を中国で作ってから、一度日本に戻し、日本から輸出する形をとっていますが、中国の会社であれば中国で生産して「内販」で売れます。つまり、中国で作ったものをそのまま中国国内で売れるという状況がつくれるのです。

上海、そして上海から新幹線で2時間ほどの寧波《ニンポー》への進出が決まっています。FC《フランチャイズ》みたいな形でやらせてほしいというオファーも来ています。海外に関してはさすがに自前ですべてやるわけにはいきませんので、現地の会社とタッグを組んでFCのような形で進めていきたいと考えています。

（2018年12月 談）

漫画に出てくる制服が高校の制服に！

『マーガレット』×京都市立高校のコラボレーション

制服にまつわるニュースで、近年大きな話題を呼んだのが、京都市立京都工学院高校の制服だ。同校の制服は『マーガレット』掲載の佐藤ざくり氏の漫画「たいへんよくできました。」で描かれたもの。つまり、漫画に出てくる制服が実在の学校の制服になったというわけだ。

漫画と公立高校とのコラボレーションが実現した背景や、生徒たちからの評判について知るため、京都市内にある京都市立京都工学院高校と佐藤ざくり先生宅をお訪ねした。

京都市立京都工学院高校

まずは、伏見《ふしみ》区にある京都市立京都工学院高校をお訪ねし、砂田浩彰校長先生と尾﨑嘉彦教頭先生よりお話をうかがっ

佐藤ざくり『たいへんよくできました。』
マーガレットコミックス（全5巻のうち1、2巻）、集英社 2014～2015年
© 佐藤ざくり／集英社

た。

　同校は2016年（平成28）4月に開校した工学系の高校だ。京都市立洛陽《らくよう》工業高校と京都市立伏見工業高校を統合・再編して新たに創設したものだ。

　このところ公立高校の統合話をよく耳にする。『読売新聞』記事（2019年1月4日）によると、都道府県立高校が今後10年間で少なくとも130校減る見通しであるという。少子化に加え、大都市では私立に受験生が流れ、公立高が定員割れするケースもあり、魅力向上のため再編が求められているそうだ。伝統校も例外ではないという。京都市立京都工学院高校誕生の背景にも、こうした事情があったのだろうか？

「2校を1校にまとめたということではない」と砂田校長は強調する。同校の前身である洛陽工業高校は、1886年（明治19）創設の、日本で最も古い公立の工業高校の一つである。もう一方の伏見工業高校も1920年（大正9）創設と、長い歴史を誇る伝統校だ。とくに伏見工業高校はラグビーの強豪校であり、1980年代に大ヒットしたドラマ「スクール☆ウォーズ」のモデルにもなり、全国的にその名を知られている。歴史と知名度を誇るこの2校の幕を閉じるにあたっては、おそらくさまざまな意見が飛び交ったにちがいない。しかし、両校の統合を決断せざるをえない事情があった。

　工業高校というのは実習設備や材料に大変なお金がかかるそうだ。工業高校1校を運営するのに普通科高校3校分の予算が必要だという（私立で工業系の学校が少ないのはこうした理由による）。

　そして、洛陽工業高校、伏見工業高校ともに校舎や設備が古く、それぞれに耐震工事や機械のメンテナンスを行うことを考えたとき、むしろ新しい場所に、最新設備を整えた学校を新設するほうが利便性が高いという結論に至ったのだ。つまり、生徒数の減少に悩んでというよりは、工業高校ならではのコスト面・設備面での事情で、新しい高校としてスタートを切ることが課せられたのだ。

　両校の歴史を閉じるからには卒業生や市民が納得する「新しい学校」が求められる。関係者はさぞかしプレッシャーがあったことだろう。

　新しい工業高校の大きな目標となったのが女子生徒の増加だ。「リケジョ」という言葉になじんで久しいが、理工系の分野では女性ならではの発想力や想像力が必要とされている。また、企業の現場ではコミュニケーション能力やチームで働く力も求められていることから、同校では時代のニーズにこたえる優秀な女子生徒の育成を教育の柱に据えた。女子生徒数が多ければ、これまでの工業高校のイメージを大きく変えるだろう。

　そこで、女子受験生の注目を集める方策として期待をかけたのが「制服」だった。市教育委員会は開校に先立つ2014年（平成26）8月下旬に制服メーカーに向けてコンペ実施を通知、10月上旬にコンペを開催した。このコンペを勝ち抜いたのが、京都最古の学生服専門店である村田堂が率いる「たいへんよくできました。」チームだったのだ。

集英社の『マーガレット』は月2回発売の少女漫画誌。女子中高生を中心に幅広い読者層に支持され、創刊50年以上を誇る。佐藤ざくり氏の「たいへんよくできました。」は当時、連載を開始したばかりだったが、これが女子学生の心をつかむと学校側は判断した。そして、少女漫画と工業高校という一見かけ離れたイメージの組み合わせが、マスコミ的な話題を呼ぶとPR効果を見込んだのだ。

新制服に対する反響はとても大きかったという。当時の新聞記事を見せていただいたが、「制服モデルは少女漫画」などの見出しが躍る。作戦は大成功で、学校説明会は盛況だった。説明会で「制服は漫画です!」と切り出すと、どっと沸いたそうだ。

砂田校長が力を込めて語る。「実際に見に来てくれなかったら何も伝わらない。打ち出し方次第です」。たしかに、まだ開校していない学校の魅力を伝えるのは難しい。パンフレットでいくら言葉を並べても、実際には何も始まっていないのだ。進学率や就職率といった受験生が気になるデータもない。そうしたなかで学校に興味を持ってもらう仕掛けとして、連載中の少女漫画とのコラボレーションというケレン味ある話題作りが必要とされたのだろう。もちろん、学校に足を運んでくれさえすれば同校の魅力を伝えられるとの自信があってのことだろう。

こうした大胆な試みを可能にしたのは、同校が「市立」高校であったことが大きく関係しているという。国の意向を受けて運営する「府立」高校と異なり、市教育委員会と学校とで物事を進められるので、フットワークが軽く機動力があるのだ。京都市はこれまで堀川高校をはじめとする普通科高校の改革に高い成果を上げてきた。これを受けて、次は工業高校、という意気込みであるそうだ。市教育委員会には従来の発想にとらわれない活発な職員もいるらしい。「京都人は新しいものが好きなんですわ」と校長先生は快活に笑うが、きっと先生方は大きな課題と責任を負っておられるのだろう。

京都工学院高校は初年度から高い入試倍率を誇り、幸先のよいスタートを切った。2019年(平成31)春、初めての卒業生を送り出す。ここからが真の正念場《しょうねんば》だ。

佐藤ざくり「たいへんよくできました。」

集英社『マーガレット』編集部の皆さま方と合流し、佐藤ざくり先生宅をお訪ねした。「たいへんよくできました。」は2015年23号で完結し、先生は新連載「アナグラアメリ」を執筆中だ。

当時の担当編集者であり、現在『マーガレット』副編集長である治部《じぶ》智宏氏がことの経緯を話してくれた。

佐藤先生の新連載を開始するにあたり、

佐藤ざくりの描き下ろしイラスト。
2015年4月

京都市立京都工学院高校の制服。
（写真提供：京都市立京都工学院高校）

作中で描く制服について現役高校生の声が聞ければと、治部氏が京都の老舗制服販売店である村田堂に声をかけたのが発端だった。村田堂とは「Kyoto MaGiC-Kyoto Manga Girls Collection」参加を通じて知り合いだった。

「Kyoto MaGiC」は2011年（平成23）から開催されている、少女漫画からインスピレーションを得た衣服の開発プロジェクト。京都市のコンテンツ産業振興の一環として京都市、京都国際マンガミュージアムが連携して行っている。このイベントで佐藤ざくり先生の漫画「マイルノビッチ」に登場する制服を実際に作り、ファッションショーを行ったことがあった。それをプロデュースしたのが村田堂だったのだ。

治部氏の話を受けた村田堂は同じくファッションショーにかかわっていた市教育委員会に相談。すぐに京都市立銅駝《どうら》美術工芸高校在校生ら京都市立高生約200人に「着てみたい制服」のアンケート調査を行う運びとなった。アンケートでは佐藤ざくり先生が考えた男女3パターンのデザインに対し、どのデザインの制服を着てみたいか、その理由はなぜか、また選ばなかった理由はなぜか、を回答してもらった。

「最初は、高校生2、3人の意見が聞ければと思っていただけなのですが、話が大きくなってしまって、最終的には200人のアンケートになりました」と治部氏は笑う。こうした大規模なヒアリングは業界内でも例がないというが、治部氏は続ける。「話題になればと思ったのです。あなたの選んだ制服が漫画のなかで使われますよ、となれば新連載の話題作りになると思ったのです」。

アンケートの結果はどうだったのだろう? 佐藤先生にきいた。

「意外でしたね。私自身はベージュのブレザーとピンク系チェックのスカートを想定していたのですが。アンケートでは、明るい色はいや。目立つのはいや。ピンクとかムリ。といった意見が多くて。もちろん逆にそれを強く推してくれたコもいたのですが」と佐藤先生は苦笑する。華やかな雰囲気の子はいいけれど、地味な子が派手な制服を着るのはなじまないといった意見もあったそうだ。現代の高校生は思っていた以上にコンサバティブかつセンシティブであるようだ。

選ばれたのは白いパイピングがあしらわれた紺のブレザースタイルだった。このアンケートの模様は『マーガレット』誌上でも発表され、新連載の門出を飾った。

これで任務終了のはずだったが……やがて村田堂から、新工業高校（この時にはまだ学校名は決まっていなかった）の制服コンペへの参加を持ちかけられたそうだ。

コンペ参加が決まってからは、制服メーカーのトンボらも加わり具体的な製作に入った。学生服には一般衣服と異なる独特のルールがあるし、二次元のものを三次元化する際に発生する問題点もある。たとえば、漫画で描いたジャケットのパイピングの太さをそのまま再現すると目立ちすぎてしまう。どんどん細くしていって、ベストバランスを探ったりもした。

「目立ちすぎたくないということはアンケートで理解していたので、その点を大切にして、街にうまく溶け込むけれど個性的な制服をめざしました。コンペに通って、みんなの思いを形にできるように」と祈るような気持ちであったと佐藤先生が語る。

プレゼンには治部氏が参加した。現場はピリピリとした雰囲気が漂っていたという。「プレゼンでは緊張しました。膝が震えるくらい。だって、制服を着せたトルソーを布で隠して持っていくんですよ!」。1校の制服を勝ち取ればこの先数年の売り上げが見込めるが、負ければゼロ。各社真剣勝負だ。

治部氏らは新工業高校が女子学生の増加を狙っていることを踏まえ、女子生徒

『マーガレット』2015年6号記事。© 佐藤ざくり／集英社

へのアピールに焦点を絞った。

「これから工業高校は他業種と提携していくことが多くなると思う。だから制服の中にさまざまなコラボレーションがあることを強調して言おうと決めていました」と治部氏。

結果は見事な勝利。ところで、プレゼンには賞金など出るのだろうか？

「何もないです。でも、これで漫画が売れてくれれば。作家さんの励みになれば。毎年入ってくる学生さんが『たいへんよくできました。』に興味をもってもらえたら、それだけですごく価値がありますよね」。一大アンケート調査に次ぐ制服コンペ参加は、大変な労力であっただろうに、治部氏の熱い編集者魂をみた。

佐藤先生自身がファッションに関心が高く、作品を作る際に登場人物が着る服を重要視するタイプの作家であることも、今回の話を進めるうえで大きなポイントだった。漫画制作の忙しい最中、佐藤先生はアンケートやコンペ参加を楽しみ、力を注いだ。

京都市教育委員会、学校、集英社、制服メーカー、それぞれの立場で、仕事にかける熱い思いがリンクして誕生したのが、京都市立京都工学院高校の制服であったのだ。

一方で、同校の制服はもう生徒さんのものになっている。学校のご厚意で3年生のO君とTさんとお話しさせていただいた。O君はズボンのチェックが縦に強めに入っていてスラッと見えるのが気に入っているという。自分なりのおしゃれとしてはネクタイピンを欠かさないそうだ。Tさんは少数派ではあるが、ネクタイを愛用している（女子はリボンとネクタイが選べる）。溌剌《はつらつ》としたお二人と接したことで、大人たちの手から飛び立ち、この制服が新たな命を得て輝きだしていることを感じた。

学校案内より
（写真提供：京都市立京都工学院高校）

ブレザーの下にパーカーを着こみ、スニーカーをはく。かつての「ゆとり教育」への反動から教材が増えたため、リュックも容認されている。学校指定の制服に私物アイテムが採り入れられているのが現在のトレンド。

Part 7

制服事情最前線！

学生服業界で奔走《ほんそう》しつつ
働く皆様からうかがった、
制服事情の最前線をお届けします。
株式会社トンボOBである佐野勝彦氏が
学生服業界の内幕を語ってくださいます。
身近なようでいて、実は知らない
制服業界のさまざまをお伝えします。
また、学生の足元をみつめ続けた
「ソックタッチ」の白元アースと
ローファーのハルタからも
お話をうかがいました。

制服業界に聞く

学生服業界は一般のアパレルと異なる特殊な事情がある。

　売り上げがあるのは年に一度。2月、3月の新入学シーズンに限られる。その他は大きな動きはないのだから、制服メーカーは残りの10か月を耐えうる資金力が必要だ。

　一般衣料とは異なり、耐久性が制服では重要視される。活発なさかりの中高生が3年間着続けても、卒業式には品位をもって臨めるクオリティが求められる。それには素材や縫製において高い技術力が必要だ。

　また、超のつく短期間での納品が求められる。たとえば、合格発表が3月20日で入学式が4月10日であった場合、わずか3週間で入学希望者全員の採寸を行い、制服をあつらえ、各家庭に納品しなければならない。これは短期間で一気に仕事が運べる熟練した人材がいてこそできる仕事だろう。

　デザインは同じであるものの、さまざまなサイズを取り揃えなくてはならないのも学校制服の定めだ。育ちざかりでバラつきのある生徒の体格に合わせて大から小までサイズを揃える。たとえば２００人の新入生がある場合、２００人分の売り上げは大きいだろうが、男女で１００人ずつ、それぞれ15サイズで展開するとなったら、経済的な効率がいいとはいえないだろう。なかには規定サイズにおさまりきらない体格の生徒もいるだろうから、コストを度外視した発注も受ける覚悟がいる。

　こうした特有の事情から、日本の制服業界は他業種が安易に参入できるものではなく、長きにわたって資金力のある大手制服メーカーがシェアを占めてきた。

　しかし、制服業界が安泰《あんたい》なわけではない。子どもの数は減少しており、学校数も減っているのだから市場は小さくなるばかりだ。限られたパイを奪い合って各制服メーカーは熾烈《しれつ》な戦いを繰り広げている。ある学校の制服を勝ち取れば、今後数年間の売り上げが見込めるが、そこで安心してはいけない。営業担当者が引き続き学校に通い、学校側の要望を聞いて新しい提案をし続けないと、すぐに他社に乗り換えられてしまうらしい。父兄が他社社員である生徒が入学してくると状況が変わってしまうことも。さまざまな忖度《そんたく》の末、男子はA社で女子はB社、冬服はC社で夏服はD社といったケースもあると聞く。とにかく制服業界は常に歩みを進めていなくてはならないのだ。

　２０１８年（平成30）冬、２社の制服展示会を見学した。展示会ではさまざまな提案がなされていた。アイロンいらずのプリーツ加工、家庭での洗濯可、洗ってもすぐ乾く、などの機能性はもはや当たり前だ。防《ぼう》汚《お》性・撥水《はっすい》性が高く、半永久に防臭《ぼうしゅう》効果が続く制服素材なども開発されていた。見た目はそう変わらなくても、昔とは素材が格段に進化している。

　裁断《さいだん》にも工夫がこらされている。特別な裁断によるジャケットを羽織《はお》らせていただいたが、ストレスのない着心地に驚いた。

机に両腕をついて前傾姿勢で勉強する学生のために開発されたものだが、これなら机に突っ伏してぐっすり寝られそうだ。

　環境に配慮した再生ポリエステルを使用した「エコ学生服」もあった。イスラム教徒の女生徒のためにスカーフ状の布をかぶっても違和感のない露出度を抑えたスタイルも提案されていた。

　最近の大きな話題はLGBT対応の制服である。LGBTとはレズビアン、ゲイ、バイセクシュアル、トランスジェンダー（生まれたときに割り当てられた性別と心の性別が一致していない人）の頭文字をとった性的マイノリティの総称だが、日本におけるLGBTの割合は8・9％であるそうだ（電通ダイバーシティ・ラボ調べ、2018年）。これは左利きの人やAB型の人の割合とほぼ同じらしい。およそ11人に1人の割合であるから、30人のクラスであれば、2~3人は当事者がいる計算になる。男子はズボン、女子はスカートといった固定観念がLGBTの生徒を苦しめることになりかねない。制服業界は女子用スラックスや、ユニセックスなデザインの上着などを提案し、サポート体制をとる構えだ（東京の中野区立中学校では2019年度新入生より性別にかかわらず制服を選べるようになった）。

　また、ジャージや体操着など、スポーツウェアに新たな活路を見出しているのが最近の制服メーカーの動きである。有名スポーツブランドと提携し、学校に納入するノウハウを活かして販路《はんろ》を広げようと、制服メーカーが知恵を絞っているさまがみてとれた。

　誰もが一度は袖を通す、とても身近なものでありながら、制服業界については知らないことが多い。

ベテラン社員吉川氏にきく

◆正しい着こなしを伝えるために

　2000年（平成12）頃、学生服の着崩しが大流行した際に「着崩し防止アイテム」が考案されたと耳にし、菅公《かんこう》学生服株式会社の吉川淳稔氏にお話をうかがった。吉川氏は入社23年目のベテランで、制服採寸の経験も豊富である。

「ちょうどルーズソックス、ミニスカートが全国的に大流行したときですね。学校からの要請を受け、『着崩し防止アイテム』を提案させていただきました。スカートをウエストで折り曲げているなら折り曲げられないように、裾《すそ》を切っているのなら切れないような工夫を盛り込んだ制服を提案させていただきました。

　ただし、『着崩し防止アイテム』で強制するだけでは生徒さんに真意が伝わらないと思い、ほぼ同時進行で『着こなしセミナー』を始めさせてもらいました。

ウエストでの折り曲げを防止したスカート。
（写真提供：菅公学生服株式会社）

弊社の担当者が学校へ赴き、生徒さんに向けて制服の着こなし方についてアドバイスをさせていただくのです。

セミナーでは、まず制服って何だと思う？　というところから入っていって、警察官とか、消防士とか、看護師とか、みんなパッとわかる制服があるけれども、その人たちがスカートを短くしていたり腰パンをしていたら君たちどう思う？　第一印象って実は大事なんだよ、とお話しさせてもらう。生徒同士の目線がありますから、着こなし方が急に変わるわけではありませんが、こうした話をすると、生徒さんの反応が変わりますね」

――生徒さんも、近い将来、就職試験や面接試験に臨むわけですしね。

「入学時、職場体験の前、面接試験の前など、ニーズに合わせて内容を変えながらセミナーを開催しています。生徒さんもその前になるとだんだんスイッチが入ってきますね。学校からの指導もあると思うのですが、やはり外部の社会人からプッシュされると大きく心が動くようです」

――こうした活動は制服メーカーのお仕事でしょうか？　学校がやるべきでは？

「私たちとしては制服メーカーの役割だと思っています。作って売るだけではなくて、それをどうやって着てもらえるか、制服の意義を生徒さんにどう感じてもらえるか？　制服を着る意味や着方を伝えていくのが私たちの務めだと思っています」

――最近では、制服のない学校が制服を再び導入する動きが出ているそうですが。

「ありますね。生徒さんの家庭の経済格差が広がってきたことも一因だと思います。制服は一度にドンと買うので、大金を支払ったイメージになりますが、トータルコストで考えると、私服通学より安くつきます。私服通学の場合、普段着はもとより、入学式、卒業式、面接試験など、普段着とは別にフォーマルな服装も用意しなければなりません。毎日のコーディネートを考える手間もあるため、制服のほうが楽という声が圧倒的に多いのです。保護者からも、生徒からも多いですね。

また、防犯上の理由もあります。最近は大人っぽい子が増えたので、私服だと大人なのか子どもなのかわからないし、学校帰りにどこでも行けます。制服姿であれば未成年であるとひと目でわかりますから、生徒を守る役目も果たせます」

◆採寸の難しさとプロのアドバイス

――吉川さんは採寸の経験も豊富であるそうですが、各学校の服装規定が頭に入っているのですか？

「はい、そうですね。それだけではなく、寒い時期に、制服の下にどういうものを着てよい学校なのかをふまえてアドバイスをします。たとえば、あそこの学校のセーターは厚手だから、これくらいの余裕がほしいよとか。地方の学校では、部活動で朝練がある場合、制服の下に体操着を着こんで通学する子もいます。ハーフパンツを下にはくのであればこのサイズがいいですよ、はかないならこのサイズがいいですよと、そんな話をさせていただきますね」

――各学校の生きた情報を知らないとできないアドバイスですね。

「お手伝いで行く場合など、学校の情報をよく知らない場合は、採寸しながら保護者の方に聞きます。こういう例がありますが、どうですか？　と。

部活の種類によってもアドバイスを変えます。野球をやると腰回りとお尻回りの筋肉の付き方が変わってきますよとか。ラグビーだったら首まわりが太くなるので、首元に余裕を持たせましょうとか」

――制服のサイズは入学後の成長も見越して決めるのでしょうか？

「統計だけで見たら、女の子の成長は中学校時代でほぼ終わります。ですから、女子の高校の制服はぴったりで行うことが多いです。スカート丈も決めてしまいます。

難しいのは中学校の制服の採寸です。保護者の方も、お子さんが1人目ですと、成長具合が予測できない。保護者も不安、生徒さんも不安です。

こればかりは成長なので、約束はしかねるのですが、小学校6年生の段階で見て、そのときに可愛いらしい感じでしたら、中学でぐんと伸びますので大き目をお勧めします。しかし、あまりダブダブのものは着心地が悪いですから、大きすぎるのもお勧めできません。体が大きくなってしまってサイズが小さくなってしまったら……お祝いということで、そのときはもう1着ご用意してあげてください（笑）とお伝えしています」

学生服は安い買物ではない。育ちざかりの子どもを持つ親は、どのサイズを選べばよいのか考えあぐねてしまうだろう。吉川氏のような熟練した採寸のプロがいてこそ、日本に学校制服が定着したのだと改めて気づく。会話を重ねることで、保護者と生徒の心もほぐしているのだ。

原宿カンコーショップ

菅公学生服では学校制服のほかに、セレクト制服を販売する「カンコーショップ」がある。原宿店では制服レンタルのサービスがあると聞き、同社の羽冨《はとみ》裕也氏にお話をうかがった。

◆制服レンタルサービス

――カンコーショップのアイテムは私服通学の学生さんをターゲットにした商品なのですか？

「そうです。ただ、それだけですと校数が限られてきます。学校指定の制服があってもカーディガンだけは自由、ソックスだけは自由という学校もありますので、そうしたところも対象にしています。子どもの数が確実に減っていますので、その分を補うため、本業のノウハウを生かせる業態として、２０１６年（平成28）9月に開店しました。インターネット通販もあります」

――制服レンタルサービス「ＮＡＮＣＨＡ（ナンチャ）」はどういった発想から出たアイディアなのですか？

「店をオープンした当初、店の前では可愛いなど、よい意見を言ってくれているのに、店内に入ってこないお客様が見受けられました。よくよく話を聞いてみると、自分の学校には制服があるので買うほどではないと。では、購入以外の選択肢を示してハードルを下げたらどうかと考えたのです。『ＮＡＮＣＨＡ』は１５００円からレンタルプランがあります。

今の子はＳＮＳに自撮りした写真をアップしますね。原宿にはインスタ映えするスポットが多くあるので、可愛い制服を着て、原宿を散歩する需要があるかと考えました」

——お客様の反応は？

「レンタルは2018年（平成30）8月から始めたばかりですが、ディズニーランドに行く大学生が中心ですね。驚きました」

——お揃いの制服を着てディズニーランドにいく、「制服ディズニー」ですか！

「接客の中で用途を確認するようにしているのですが、7割くらいはディズニーです。中高生がお店に入るハードルを下げるという目的は、まだ達成できていないですね」

——ディズニーランドに行く場合は、朝ここでレンタルされるのですか？

「2泊3日コースで前の晩にレンタルされるケースが多いですね。友達同士2、3名で来られて。返却は郵送でも受け付けていますが、来店される方が多いですね。場所が原宿なので、こちらに来てまた1日遊べるからではないでしょうか。たとえば、スカート・リボンにニットとシャツを加えて2泊3日で3600円です（学生の場合）。

いわゆる制服らしいベーシックなものが選ばれています。友達とお揃いにする目的がまずあるのでしょうが、一度は可愛い制服を着てみたかったという声をよく聞きます。サービスを始めて数か月で、とくに宣伝もしていないのですが、毎月、倍・倍のペースで増えていっています。まだ利益は上がっていませんが、もともと集客を狙って始めたことですので、店のPRとして行っています」

◆SNSで情報を

——カンコーショップのPRはどういう形で行っているのですか？

「宣伝活動はSNSが中心になっています。若い人同士だとSNSとクチコミが強いのです。『芸能人の○○が着用』などと接客中に言ったりはしますが、だからといってそれで購入を決めるというわけではない。自分に似合うかどうかが重要なのです。

今の若い人は企業発信の広告を信じていません。SNSで友達が紹介しているものや、好きなタレントが紹介するものを参考にしています。そのタレントというのもTVに出ている人ではなく、You TubeやTik Tokなど、SNSで活躍している人だったりする。

今の若い人は何か調べるときにSNSで画像を検索するのです。自分の感覚に合う情報を、お金をかけずに得ている。彼女たちは本当に気に入ったものしか選ばないのです。彼女たちにどう評価してもらえるのか。『カンコー委員会』を立ち上げたのも、ブランディング力を高めるための試みなのです」

——「カンコー委員会」は商品開発からモデル、PR活動までを行う中高生メンバーで構成されている。第1期生は500人の中から選ばれた10名だ。任期は1年間である。

「学生さんに本当に気に入ってもらえるものを大人が開発するには感覚的に無理があるなと以前から感じていました。若い人の意見を反映した商品を開発し、若い人自身で情報発信することで、同世代の人たちに共感してもらえるのではないかと期待しました」

——10名は芸能界志望の方ですか？

「タレント、モデル、ダンサー、何かしらをめざしている子が多いですね。ただし、ルックスだけでなく、発信力があり、自分の意見が言えることが大切です。そして制

カンコー委員会第１期生メンバー（写真提供：菅公学生服株式会社）

服に興味があり、制服が好きである点を重視して選びました。応募者500人から100人に書類審査で絞り、1日で100人面接をしました」

――ルックス的なばらつきは考えましたか？

「ルックスというか、個性ですね。文科系だったりスポーツ系だったり」

――効果はありましたか？

「認知、ブランディングという面ではとても効果があったと思います。選抜に手をかけた分はあったと思います。今後も継続の予定です」

――カンコー委員会のメンバーの意見で気づかされた点などありますか？

「メンバーにはユニークなファッションをしたおしゃれな子もいるのですが、制服のことになるとベーシックなものを求める傾向が強いことに驚きました。制服と私服のファッションには線を引いているというか。制服には制服らしさを求めているというか。彼女たちの頭の中には理想形があるようです。

その『制服らしい』中でもおしゃれ感を出したいということなので、さらに狭い中で差を出してゆくのですが。たとえばちょっとした丈の長さで、可愛いかったりそうでなかったり。すごく細かいところにこだわりがあるのです。以前から、学生を集めて座談会をしてきましたが、1回きりで終わることが多かったのです。カンコー委員会を結成し、何度も会っていくと、彼女たちの本音が聞けますね」

――今後の目標をお聞かせください。

「カンコーというと真面目とかダサイというイメージが昔からありました。そこを払拭し、おしゃれとか、かっこいいということをめざしています。

今の若い人は自分のことを撮って拡散するのが好きな世代で、承認欲求が強いのです。原宿にはフォトスポットがたくさんありますので、レンタルサービスを生かして制服の魅力を拡げてゆきたいです」

カンコーショップの運営は、ユーザーの声をじかに聞け、仕事のスピード感が速いところに魅力を感じると羽富氏はいう。

制服メーカーの挑戦は続く。

日本の靴下文化を支えた「ソックタッチ」

「ああ、アレ、使っていたよね！」と誰もが懐かしむアイテム「ソックタッチ」。ソックスのずり落ちを防ぐためのロールオンタイプの糊《のり》です。体育の授業の前にはグリグリと塗り付けて、友達同士で貸し借りもよくしました。学校生活に欠かせない懐かしのアイテムですが、考えてみると靴下と肌を糊でとめるとは、ずいぶん奇抜な商品です。

ソックタッチ誕生のいきさつや売り上げの推移などを知るべく、白元アース株式会社をおたずねしました。

◆◇◆

対応してくださったのはマーケティング戦略部の竹内陽子氏と佐伯奈々氏。いずれも学生時代はソックタッチを愛用していたそうだ。まるで懐かしい友人の話をしているような気分で話が弾んだ。

ソックタッチが発売されたのは1972年（昭和47）。白元アースの前身である白元創業者のアイデアがきっかけだったと伝えられている。当時の靴下はゴムの性能が悪く洗濯すると伸びてずり落ちてしまった。靴下をとめる方法はないか……という小学生の孫の意見を採り入れ、開発したのが「ソックタッチ」である。当時の同社は防虫剤や冷蔵庫の脱臭剤などの家庭用品が主力で化粧小物はまったくの異分野だったが、アイデアマンだった創業者が開発を重ねて商品化したという。配合成分は企業秘密だが、化粧品に使われている成分で肌につけても安全なもので作られている。

発売当初の記録は残っていないが、発売して4年後である1976年（昭和51）には何と1000万本の売り上げを記録した。当時のソックスのトレンドがふくらはぎの真ん中の一番太い部分までの長さだったこともあり、これは便利！　とばかりに皆が飛びついたのだ。発売当初は女子だけでなく、スポーツをする男子や、サラリーマンなどもターゲットだったという。このときが第一次ブームだった。

しかし、1980年代前半からソックスのトレンドが変化し、足元で三つ折りにしたり、くるくる丸めたりすることが流行ると、くつした止めの需要はなくなり、まもなく生産を終了する。

けれども、ソックタッチは見事に復活する。なぜか？　ルーズソックスが大流行したからだ。どんどんボリュームを増すルーズソックスを見栄えよくはきこなすために、女子高生たちは輪ゴムを使ったり、両面テープを貼ったりと涙ぐましい努力をしていた。そこでデッドストックとして残っていたソックタッチが注目された。ソックタッチの噂はまたたく間に広がり、ニーズを受けて1993年（平成5年）からデッドストック分を販売していき、翌年には新シリーズを売り出した。復活したソックタッチは大ヒット。ソックタッチは1994年（平成6年）の『日経流通新聞』のヒット商品番付で「復活賞」を受賞している。

靴下の上部のゴムだけ残し、その下はゴムをすっかり抜きとってしまった「ゴムなしルーズ」という、ソックタッチなしにはもはや成立しないルーズソックスも大流行。1996年（平成8）には830万本を売り上げた。1998年（平成10）には粘着力を高めた「スーパーソックタッチ」も新発売した。

日本の学生文化に欠かせないものとなったソックタッチ。これまで競合品はなかったのだろうか？ 私見であるがと断った上で竹内氏が語ってくれた。

「これまで目立った競合品はありませんでした。ほぼ、シェア100％です。海外で類似商品があるとも聞きませんね。競合品がなかったのは、発売当初から圧倒的に市場を占めてしまったからではないでしょうか。ソックタッチは唯一無二の商品です」。

ルーズソックスの流行が終息した現在、売り上げは落ち着いている。ブーム的な商品から定番商品へと成熟したのだという。

「定番商品として売場を確保していますので、とくに宣伝活動はしていません。『ソックタッチ＝くつした止め』として、皆さんのご記憶にとどめていただいているのですね。お母さんから教えてもらうケースもあるようですよ」と竹内氏。

「私はハイソックス世代でしたが愛用していました。ひと月以上はくとずり落ちてしまうので。今は短いソックスが流行していますが、ハイソックス派の方に使っていただいています」と佐伯氏。

後日、行きつけのスーパーで、普段は足を運ばない化粧小物の棚を覗いた。あった！ ソックタッチが並んでいた。何だか同級生に再会したような気がして嬉しくなった。

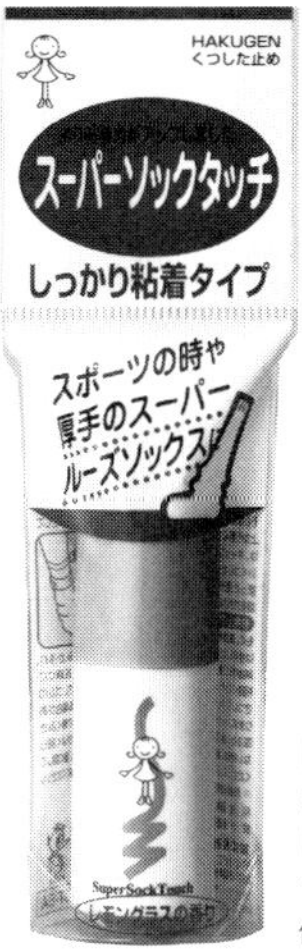

［右］1972年6月に発売された元祖ソックタッチ。（写真提供：白元アース株式会社）
［左］ルーズソックス対応の「スーパーソックタッチ」＊現在生産終了（写真提供：白元アース株式会社）

発掘されたソックタッチ　森 伸之

1990年前後、輸入物のスポーツソックスを足元でたるませてはく東京都心部の女子高生ファッションから生まれた、ルーズソックス。そのボリュームは年々増大し、1993年頃には、すでにソックスのゴムだけでは自重を支えきれないほど肥大化が進んでいた。

ずり落ちるルーズソックスを両面テープやスティック糊で固定するなどの試行錯誤が女子高生の間で続けられていた頃、都内の私立高校に通う1人の生徒が、雑貨屋の棚の隅であるものを「発掘」する。それはスヌーピーがプリントされた、1983年版のソックタッチだった 。昔はこんな便利な道具があったのか！　と感動した彼女は、10年の時を超えて手にしたそのアイテムにテプラで自分の名前を貼り、大切に使ったという。そして翌1994年、ルーズソックスの大流行を受けて、長らく廃盤となっていたソックタッチの製造が再開される。（写真は本人から借り受け保存している1983年版のソックタッチ。）

Essay

熾烈を極める制服業界競争——制服コンペにおける仁義なき戦い

佐野勝彦（制服研究者）

学生服業界の裏側を、学生服メーカー（株式会社トンボ）に20年勤務した経験を持つ佐野勝彦氏に教えていただきました。一般のファッションとは異なる学生服の特殊性、現場での悲喜こもごも、そして働く人の矜持《きょうじ》を、知ることができます。

◆◇◆

学校制服は、1872年（明治5）の学制発布以来の長い歴史を持ち、帝国大学が、学生に詰襟《つめえり》式の服装を推奨したことに始まります。

既製服産業がない時代だったので、今日のように、全員が同じものを着る、あるいはどこかの仕立屋さんが全員分作るような状態ではなかったようですが、とにかく学校制服と呼べるものがスタートしました。

なお、当時の学生は、詰襟を着ていなくても、校章バッジが付いた学帽《がくぼう》をかぶっていれば学生と見なされ、女子学生はバックル付きのベルトがそれに相当しました。

詰襟は大学生、ついで高等教育を受ける者が着るようになっていくのですが、義務教育段階では、ごく一部の富裕層の子が着ている程度でした。

風貌の端厳《たんげん》（見かけが厳しく凛々しい）を意図したとされる詰襟は、和服で学校に通うのが当たり前だった児童には、高等教育への憧れと相まって、モダンで新しい時代のシンボルに見えたはずです。

また大半の生徒にとって、詰襟は、初めて袖を通す洋服だったことも、その印象を強くしたことでしょう。

セーラー服は、詰襟とセットで語られることが多いのですが、採用時期は半世紀遅れました。

それまでの和服に女袴《おんなばかま》をはいた姿から、まったく違ったスタイルになったそれは、登場するなり、世間の注目を集め、詰襟同様、憧れの的となりました。

うがった見方かもしれませんが、当時の国が意図した、国民皆教育で国を近代

セーラー服　　女袴のハイカラ女学生　　旧制高校生

化し国力を高める狙いは、詰襟とセーラー服という、素晴らしいビジュアルシンボルがあったことで、いち早く達成できたのではと思うことがあります。

ビジネスの観点から制服を見れば、現在も存続している特定学校の制服販売組合やメーカー間の自主規制である標準服仕様制度など、一般ファッション業界にはない、一見排他《はいた》的《てき》に見える特徴があります。また、長寿企業が多いのですが、それが可能だったのは、制服が単なる通学服ではなく、文字どおり制度で裏打ちされたものであり、また、単なる服を超えた存在であったことが大きいと思います。

とまあ、こう書けば、利権に守られ安《あん》穏《のん》とした業界に見えますが、しかし、現在、業界は、少子化で市場が縮小するなか、メーカー、流通とも生き残りをかけた熾烈《しれつ》な争いの渦中《かちゅう》にあります。

制服が一般ファッションと違う最も大

きい点は、良い物を作ったからといってたくさん買ってもらえるわけではなく、生徒1人にほぼ1着なので、おおざっぱに言えば、メーカーの売り上げは、どれだけの学校で採用されているか、さらには、そのうち生徒数の多い大規模校がいくつあるかで決まってしまいます。

しかし、学校指名を勝ち取るためには、めったにない制服モデルチェンジのコンペを勝ち抜くことが必要で、その一点に向けて、業界は尋常でない努力と営業シフトを敷いています。

一般ファッションビジネスとの違い

学校制服と一般のファッションビジネスの違いを表にしてみました（145ページ参照）。

こうして書き出してみると、一般ファッションとはかなり異なる業界像が見えてきます。

冒頭に書いたように、制服デザインは、今や多くの学校にとって、入学者数の増減にかかわる重要事項であり、制服業者側でも、少子化で市場が縮小するなか、そう頻繁にはない制服更改で納入業者に選ばれることは、売り上げに直結する経営課題です。

制服コンペが行われ、その評価をもとに学校が業者を決める形式が一般的です。

しかし地域の制服販売店は、そうたくさんないため、コンペの結果を問わず販売にありつけることが多いのですが、メーカーは採用されなければそれはそれで終わりのオールオアナッシング、つまり制服コンペとは、実質的に制服メーカーコンペということになります。

業界の隠語で「コンペ倒れ」とは、試作づくりなど経費がかかるコンペで、いくらエントリーしても勝てないメーカーが廃業したことを意味する言葉で、それほど、コンペの成否は経営を左右しています。

熾烈を極める制服コンペ

昨今、大手メーカーの寡占化《かせんか》が進み、全国で行われるコンペには、トンボ学生服、カンコー学生服、富士ヨット学生服、スクールタイガー学生服のいわゆる四強と呼ばれるメーカーが参加し、それ以外に、地場《じば》で独自の存在感を持つメーカーや、力のある流通が加わります。

大手メーカーは、全国に販売会社を設け、地域の学校納品組合や制服小売店と密接な関係を築き、日常的に学校訪問しては、制服更改の動きを探り後れをとらないようにしています（以下、制服更改を、業界の日常用語であるモデルチェンジと呼びます）。

私学はモデルチェンジのサイクルが比較的早くて、早いところは10年以内ですが、公立の名門校ともなれば、変えないことがむしろステイタスなので、数十年はざらで、モデルチェンジはめったにないチャンスなのです。

他メーカーが納入している学校のモデ

事項	学校制服	一般ファッションビジネス
最重要なこと	・入学式に異なる体型の全員が着用できている（1人の欠品も×）。 ・在学期間中を通して着られる耐久性（物理的耐久性）。	・流行に乗って売れること（欠品は売れた証拠なので〇）。 ・物理的耐久性よりは感覚的耐久性（古臭いなど）がなくなればお払い箱。
デザイン決定	・原則として、学校が設置する制服。 ・検討委員会の意向を受け複数のエントリーメーカーがデザインし、コンペで選ばれる。 ・選ばれたデザインは、契約で保護され、通常、長年継続される。	・アパレル内のデザイナーがデザインを起こし、社内で絞り込み、内見会等で流通の反応を確認して見込み生産。
購入者	・制服を決めるのは学校、着るのは生徒、代金は保護者が払う。服装規定にもとづき、その期間中は毎日それのみを着る。	・メーカーや製造小売業が自主提案し、それを気に入った個人が自前で購入して気分に応じて着る。
生産	・学校との供給契約をもとに、長期にわたり継続生産し、備蓄する。 ・学校の許可なしに仕様変更できない。生産量は入学者数と同等。 ・採寸の結果、サイズ欠品があった場合、極超短納期で追加生産する。 ・サイズが多数あり、余分に作って余っても、他校には売れず持ち越し。 ・セキュリティ上、販売対象は生徒のみで、バーゲン販売などはない。もちろん安いからといって何着も買われることはない。 ＊標準服の場合は同種デザインを採用している地域の複数校生徒にも販売できる。	・売れ筋を発見し、短納期生産販売、売れ残ったらバーゲン等で処分。 ・生産量は、需要予測で増減し、稀に追加生産もある。 ・基本はワンシーズン販売で、翌年に同じものが生産されることはない。
販売	・学校が認めた店が販売し、学校が定めた採寸基準で納品。 ＊規定から逸脱した短いスカートや、腰パンを意図した大きすぎるズボンなどは販売しない。	・その商品が欲しい人に何枚でも販売し、着こなしへの干渉はない。
品質基準	・生徒らしさの表現をベースに、3年間着用を想定した耐久性、販売年度に関係なくデザインや素材、色、仕様が同じであること。	・儲かることが前提で、流行に乗っている、ブランドテイストが表現されているなどが優先され、均一性のウェイトは低く、ヘビーデューティウエア以外は耐久性が問われることも少ない。

ルチェンジはチャンスなので大いに攻め、自社が納入している場合は、守りを固めるわけですが、どんな様子になるのか、メーカー側から見た実例を紹介すると……。

モデルチェンジ・コンペ

学校から、モデルチェンジをコンペ形式で行う旨、趣旨書が届きます。

趣旨書には、

・創立〇〇周年記念事業として行う。
・デザインは、本校の生徒にふさわしいものであること、他校に類似せず、オリジナリティがあること。
・現在の制服と同等品質、同等価格、またはトータルで安いこと。
・デザイナーブランド制服の場合は、通学圏内の他校に採用されていないこと。
・開催日と会場、プレゼン時間、留意点としてコンペ関連職員とむやみに接触しないこと。

などが記されています。それを受け、メーカーと販売店グループは色めき立ちますが、実は趣旨書を額面通り受け取るベテランはいません。

むしろ、モデルチェンジする真の理由が、入学者数回復の起爆剤《きばくざい》、生徒の制服姿の乱れ是正、入学必要経費の低減の一環、ライバル校の凌駕《りょうが》、学校運営方針の変更、等々のどれであるかを見極め、誰が発案者で、誰がどのような基準で判断するのか、キーマンは誰かなどを探り、ライバルの動向にも目を光らせるといった具合です。

これらをチェックし、必要な対策を立てるのですが、冷静なのはここまでで、その後は、迫る時間を気にしながら提案を間に合わせる修羅場《しゅらば》に突入するのが当たり前。

通常、コンペは学校から連絡が来てから長くて3か月、短いと1か月もないのですが、その間に学校のことをあれこれ調べ、コンセプトを煮詰め、何案かのデザインがスタートし、それを実際の服（試作品）にするために、オリジナル生地を織り、染めることもあります。

生地が決まれば、パターンを起こして裁断縫製し、ネクタイやリボンなどは校章をかたどった織柄まで作り、ボタンも校章を入れたオリジナルを製作。さらに、力が入るとプレゼン当日、モデルに着せてちょっとしたウォーキングまで段取りしたりするので、その間の作業は膨大なものになります。

もちろん落選してもプレゼンフィーなどは出ないので、不採用となると、その間の労力と経費はまったくの無駄になり、関係者の落胆ぶりは気の毒なほどです。

筆者が知っている例では、中学校の制服コンペに、メーカーと店が組んだ6グループが、男女の冬と夏服をそれぞれ3タイプずつマネキンに着せて出品しました。

計72体のマネキンが教室の壁に沿って並べられたのですが、投票に来た先生曰《いわ》く「うちの新入生は2クラスなので、これ着せたら買わなくていいんじゃないの」とニコニコ。

居合わせた業者側は過当競争であることはわかっていても、引き下がるわけにはいかないので、乾いた笑いが教室に響いたものです。

在校生アンケートはうのみにできない

業者側がそれほど真剣に取り組んだ提案であっても、受け取る側の対応はさまざまです。

よくあるのは、客観的な評価を得るために、在校生に投票してもらい、その数値を参考にしながら、制服検討委員会などで決める形式です。

投票は、本来なら、学校が新制服に求める条件やコンセプトなどを事前に投票者に知らせて正しい評価ができるよう配慮するべきですが、そんな用意周到なケースは稀《まれ》で、いきなりデザイン画や試作品を見て、生徒それぞれの好き嫌いにゆだねることが通常です。

また、声の大きなクラスのリーダーの意向に左右されることもあるようで、ある学校では学年ごとに、またクラスごとに投票数の多いデザインが異なっている傾向がはっきり見えました。

気になって探りを入れてみると、1年生では、投票結果によっては自分たちも2年生になったら着ることができるかもしれないとの思いから、結構魅力的なデザインに票が集まり、2年生では、後輩が自分よりかわいい制服を着ることが許せないらしく、私の目で見てあまりよくないデザインがトップスリーを占めていました。

3年生のあるクラスは7割が同じデザインに投票していて、リーダーの存在がうかがえました。もちろんその投票は、1年生では不人気なデザインでした。

デザイン評価にもいろいろある

また、先生方の1票は、生徒の5票に相当するものでしたが、この学校では、やはり何の事前情報もないまま、初めて試作品を見て、それぞれの思いで投票されていました。

中には、タータンチェックの柄がはっきりしているので、スカートを切るとすぐわかるから良い（短くできない）、リボンがあると、緩めるからだらしなくなるので×など、もっぱら服装指導の観点から選定される先生もいます。

また、価格表を見ては、価格が安い順に票を投じる先生が必ずいますが、そのロジックは、保護者の経済負担を減らすと、学校に来てもらいやすくなるから生徒が増えるとのことでした。

熱い思いでプレゼンに臨んだ業者側としては、生徒の制服への思いを知っているだけに、また、議論を尽くして提案に至っただけに、やるせない思いになることもありました。

アフターフォローも重要

なお、コンペはデザインや価格だけではありません。

たとえば一次審査が企業力評価である場合があり、その狙いは、「安価提供」と「安定供給」が多く、これは、小さな業界ながら、稀に倒産や廃業で制服供給トラブルがあるため、価格を抑えても経営に響かない企業体力があるかどうか、将来にわたって供給できるかどうかなどをチェックするためのものです。

業界大手が受注する確率が高いのは、企画提案力もさることながら、この「安価・安定」供給ができる企業体力が評価されている面もあります。

またアフターフォロー体制もチェックされますが、これは破損や買い替えに迅《じん》速《そく》な対応ができる仕組みづくりや、制服着こなしセミナーのような、生徒の制服姿を健全にするためのシステマティックな取り組みなどさまざまあります。

制服モデルチェンジでイメージアップを図る

業者側にすれば、生徒1人の欠品もなく無事納めればビジネス上は完了なので、経費がかさむそれらは避けたいところなのですが、指名要件でもあるため、かゆいところに手が届くアフターフォローが当たり前となっています。

制服が高価格だと批判されることがありますが、これらアフターフォローのシステム構築や、入学式に全員着用をめざす極超短納期生産システム（3月後半に行われる採寸から、4月初めの入学式までのわずかな日数で、どんな体型の生徒にも制服を渡すための生産体制）など、一般ファッションとは異なる仕組みを整えるには、それなりのコストがかかるのです。

なお、極超短納期生産を可能にするために、メーカーは国内に大規模縫製工場を構え、また協力工場を擁していますが、それほど制服メーカーにとって、納期内全員納品は重い意味を持っています。

逆に、入学式当日に制服が間に合わなかったりすれば、せっかく勝ち取った供給業者指名が吹っ飛ぶ事態にもなりかねません。

以上、モデルチェンジをめぐる内輪話を少し紹介しました。

しかし、もう少し大きくとらえれば、学校のハイレベルな要求と、それに懸命に応えようとする業界努力と競争が日本の制服を魅力的にし、それを前提に、保護者が制服を肯定し、生徒が制服のある生活を楽しんでいる構図、つまり日本の制服文化が見えてくるような気がします。

制服の意義を信じているから

制服の年間売り上げは、メーカー出荷額だと1000億円前後、500兆円を超える日本のGDPから見れば取るに足りない存在かもしれませんが、業界はその数字以上に日本に寄与していると確信しているはずです。

それは、少し大げさに言えば、今日の日本を築き上げた勤勉、正確、温厚など日本人の気質形成に、制服が一定の役割を担っている自信からきています。

業界が自負している制服の効用とは、

- 普段着ではないフォーマルな制服を着ることで、生徒自らに学ぶ者であることを自覚させ、またまわりもそのような目で見て配慮することで奮起を促すこと。

・教室に、学ぼうとする雰囲気を醸し出す役割。
・同じ制服を着ることで、あるいは最近では同じ着こなしをすることで仲間意識ができること。

などです。異常なまでの入学式全員着用へのこだわりも、その効果を減じないためだと言えます。

入学式とは、同級生の第一印象を作る儀式で、その場で生徒が異質視されないようにするためにも「同じであること」が重要なのです。

　もし仮に1人だけ制服を着ていない生徒がいるとすると、その理由をあれこれ推察されて、たとえば制服を買うお金がなかった、軽んじられ納品を後回しにされた、標準体型でないため合うサイズがなかった、制服否定論者だからなど、憶《おく》測《そく》を呼び、異端視《いたんし》につながりかねません。

　わずかの色違いも見逃さない均一性へのこだわりも、もとを正せば、理由は同じだと思います。

　中学校や高等学校で今なお9割を超える学校が制服を採用しているのは、制服が、単なる衣服を超えて、教育に欠かせない教材であると、学校や保護者、生徒、業界が思っているからにほかなりません。

制服コンペを重ねてブラッシュアップされた日本の制服

制服は教材

ローファーのハルタに聞く

本書の締めくくりとして、学生の足元を見守り続けてきた株式会社ハルタをお訪ねしました。同社は創業百年を誇る老舗《しにせ》靴店で、日本で最初にローファーを量産化したことで知られています。日本の学生なら誰もが一度はお世話になるハルタのローファーについて、取締役で販売本部長である春田勲氏と広報担当の小西由美子氏にお話をうかがいました。

◆◇◆

ハルタのローファーにあわせて設計されたカップインソール。足あたりをしなやかにし、かかとへの負担を軽減する。

かつて株式会社ハルタでは「ハルタの歴史は、ローファーの歴史です」とのキャッチコピーで広告を出していたというが、まさにその通り。日本にローファーをもたらしたのが同社の創業者である春田余咲《よさく》なのだ。1955年（昭和30）11月、「日本製靴生産性視察団」の一員に抜擢《ばってき》された春田余咲がアメリカ視察に出かけた際に、現地で目をとめ日本に持ち帰ったのがローファーだった。同社では早くもその翌年に婦人靴のコインローファーを発売。以来、60年以上ローファーを生産し続けている。

1917年（大正6）創業のハルタでは、創業以来子ども靴や婦人靴を生産し、女学生用の靴としてはストラップシューズが人気を博していた。しかし、女学生服の主流がセーラー服からブレザータイプに移り変わると、靴もローファーへとシフトした。以来、ローファーは男子用も含め学生の定番として定着している。2000年（平成12）前後に制服の着崩しが大流行した際にも、学生靴は依然としてローファーだった。ローファーは同社の代名詞ともいえる看板商品なのだ。

ただし、同社はそれに安寧《あんねい》としていたわけではない。ルーズソックス全盛期には3Eサイズのローファーを発売して大ヒットさせた。分厚い靴下の分大きなサイズを履かざるをえず、足元が泳いでいる学生を認めてのことである。ルーズソックスの厚みの分、3mm幅を大きくしたわけだ。また「美脚」効果を狙ったヒールローファーも売り出した。ローファーのかかとは通常20mmであるが、学校の様子をうかがいながら少しずつヒールを高くし、50mmまでが容認してもらえる範囲であると判断。現在では定番商品となっている。

このように、創意工夫を重ねてローファーを極めてきた同社であるが、最近のローファー事情はどうなのだろうか？　盤《ばん》石《じゃく》だったローファー人気が陰り、スニーカー通学にシフトしているように感じるのだが。

「世の中の流れとしてカジュアル化が進ん

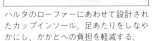

でいます。今は公より個を重んじる時代になってきています」と春田勲氏。

かつてと比べ、学校からの「完全指定」の割合が減り、「準指定」「推奨品」といった形でハルタ製ローファーが生徒に紹介されるケースが増えてきているそうだ。春田氏は、学校側が生徒の親に強くものが言えない時代になってきたと分析する。貧困家庭が増えていることや個人の意見や好みが優先される風潮がその背景にあるという。

「入学前に制服を採寸する場では、靴を決めるのが最後になります。制服やカバンなどを購入した上での買物になりますから、革靴が値段の張るものであると思われがちなのです」と小西氏が言い添える。

地域差もあるそうだ。たとえば、電車通学が多い山手線内にある学校はローファー率が高い。しかし、国道16号線の外側ではローファー率が低くなる。郊外に住む学生は自転車通学や遠距離通学が多く運動靴での通学が多いのだ。大人もヒールのあるパンプス等は履かず、車の運転がしやすいスニーカー等を愛用するなど、市街地と郊外ではライフスタイルや価値観が異なるらしい。

そうした流れのなかで、学校からの指定が外れ、スニーカー通学も容認されると、ローファー離れが起きてしまうのだろう。

しかし、ハルタも手をこまねいているわけではない。ハルタのローファーはこれまで運動靴しか履いたことのない子どもたちが「初めて履く革靴」である。スニーカー育ちの子どもでも革靴になじめるように、専用のカップインソールを開発した。これがよく売れているため、２０１９年春からは、はじめからインソールをセットした商品を発売予定であるという。

見た目には大きな変化はないものの、ローファーの履き心地はぐんと向上している。かつてと比べて革が軽く薄く、柔らかくなっているそうだ。靴のサイズがフィットしているかどうかは本人にしかわからないが、革靴を初めて履く子どもではその感覚がつかめない。そのため、靴のサイズが同じ場合、娘にかわって母親が試着するケースがあるそうだが、昔とまるで異なる快適な履き心地に驚きの声を上げるお母さんも多いそうだ。もはや靴擦れをガマンして履く時代は終わった。女子高生ファッションを完結させる扇《おうぎ》の要《かなめ》として、ローファーの需要はまだまだありそうだ。

同社ではHPやSNSでのPR活動にも力を入れている。「今はSNSを通じて遠方の人とも同じ価値観や考え方を共有できます。当社ではSNSを重視しています」と春田氏。オンラインストアを拝見したが、とてもおしゃれ感のあるつくりだ。インスタグラムは週3回アップし、ソックスとの組み合わせ方など、さまざまな提案を行っているそうだ。

また、インバウンド客の売り上げもアップしているという。ハルタでは直営店が7店舗あるが、売り上げの10～15%が外国人観光客によるものだという。とくに宣伝をしているわけではないが、日本の女子高生ファッションに欠かせないアイテムとしてハルタのローファーを求めに来るというのだ。

長い歴史と看板商品を持つ老舗でありながら、進化を続けるハルタ。世の中のニーズをキャッチしながら、これからも日本の学生の足元を守り続けるのだろう。

日本女学生服年表

明治

1870年代後半
男袴の登場、再び着物へ

東京女学校で上半身は振袖、下は左右に分かれて足さばきのよい男袴の着用を認めた。その外見が男まさりで勇ましすぎる、という理由から定着せずじきに廃《すた》れ、着物に帯という従来のスタイルに戻った。

1890年
欧化政策がもたらした洋装の採用

華族《かぞく》女学校（のちの学習院女子）や東京女子師範学校（現・お茶の水女子大学）附属高等女学校などでは華やかな洋装制服が採用された。鹿鳴館《ろくめいかん》を思わせるような腰当（バッスル）で膨らませたドレススタイルが目を引いたが、ごく一部にとどまり、再び和装に戻った。

作成：森伸之＋栗原尚子

1900年代はじめ
学校制服の原点誕生

1899年（明治32）に開校した実践《じっせん》女学校（現・実践女子学園）で着物の上にコートのような「校衣」を着用。女学生に集団生活や学びにふさわしい服装をさせたい、という現在の制服に連なる工夫がみられる。

1910年代はじめ
女袴に洋靴の大流行

明治から大正への移行期には和装でありながら動きやすく、自転車通学や体操も可能な女袴《おんなばかま》が流行した。1870〜80年代の男袴とは異なり、女性らしさと動きやすさを兼ね備えて人気を博した。洋靴を合わせハイカラに着こなした姿は、今日の大学卒業式にも人気の服装である。

大正 1919年
ワンピース型から始まる洋装女学生制服

日本の洋装女性が1%未満であった1919年（大正8）、山脇《やまわき》高等女学校（現・山脇学園）が日本で初めてワンピース型制服を採用、洋装女学生制服の先駆けとなった。1925年（大正14）には神戸のミッションスクール、松蔭《しょういん》女学校（現・神戸松蔭女子学院）でもワンピース型制服が採用された。

1920年
日本初のセーラー服登場

1920年（大正9）に平安《へいあん》女学院が、1921年（大正10）、金城《きんじょう》女学校（現・金城学院）と福岡女学校（現・福岡女学院）がセーラー服を制服に制定した。英国海軍の制服であったセーラー服は、子ども服や婦人服にその意匠《いしょう》が取りいれられていたが、その後プロテスタント系の女学校が制服に採用、カトリック系の女学校へと波及した。動きやすさだけでなく、規律正しく活気のある集団生活に適したイメージが定着し、校章や線の数、ベルトや制帽などさまざまに差別化を図りながら、今日も多くの学校で着用されている。

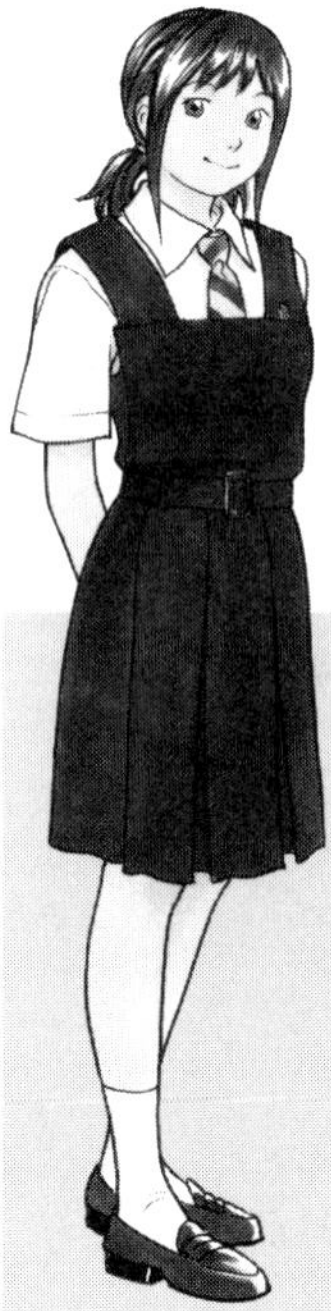

昭和

1930年頃
ジャンパースカート型、制服3つ目の定番に

大正末頃からセーラー服、ワンピースに加え、ジャンパースカートが女学生制服に登場した。ブラウスやシャツの上に、袖のないワンピース状のスカートを着用するもので、スペイン系のミッションスクールなどが採用、清楚なイメージと実用性を兼ね備え、制服のスタイルとして定着した。運動しやすいことから、当時ジムドレスとも称された。

1940年代
制服から国民服へ そして再び制服へ

第二次世界大戦時、男性は標準服として国民服を着用、女学生たちも生活必需物資統制令のもと、着物を仕立て直すなど、工夫したもんぺ姿になった。戦後は再び制服の着用が始まるが、手作りやおさがり品を工夫し、それぞれが用意できたものを着て通学した。

1950年代半ば ブレザー式制服の広がり

襟なしジャケットは1930年（昭和5）に跡見《あとみ》女学校（現・跡見学園）で制服に制定されたが、直後には広まらず、戦後になって公立校や私立学校が採用、ベストとブレザーの組み合わせは1950年代に登場した。その後1980年代以降の制服モデルチェンジブームを経て、急速に普及した。男女学生に統一感を出せることや、共通の基本スタイルが業者の大量生産を可能にし、コストが抑えられるなどの利点から、現在最も多くの学校で着用されているスタイルである。

1980年代 制服スタイル大変革期

嘉悦《かえつ》女子（現・かえつ有明）や頌栄《しょうえい》女子学院に代表される制服のモデルチェンジと並行し、バブル経済も相まってさまざまな趣向を制服に反映させる学校があった。人気を呼んだのはタータンチェックのスカートにブレザー、ハイソックスのスタイルだったが、従来紺が多かった制服の色合いに赤系、緑、キャメルなどが取りいれられた。学校改革と同時期に制服を改変し、人気校となった学校も少なくないが、伝統校では旧来の制服デザインが堅持《けんじ》され、傾向は両極化している。

1980年代 後半 有名デザイナーによる制服プロデュース

古くは1961年（昭和36）、芦田淳が手掛けた安部学院（東京都北区）の記録が残るデザイナー制服は、1986年（昭和61）の都立多摩高校における花井幸子の夏服を皮切りに、多くの制服メーカーが森英恵、やまもと寛斎、小野塚秋良、コシノジュンコら有名デザイナーを起用した。1990年にはデザイナー制服の年間採用校が51校にのぼり、1980年代半ばからの制服モデルチェンジブームを牽引する大きな要因となった。

1990年代 女子高生ブームと着崩し

ポスト団塊《だんかい》ジュニアが高校に在学していた1990年代、マスメディアが女子高生の文化にスポットを当てると、そのファッションも注目された。オーバーサイズのベストやセーター、短いスカートとルーズソックスにローファーといった典型的な組み合わせが、地域にかかわらず女子高生を席巻した。さらに雑誌『Cawaii!』『egg』では街頭グラビアが人気ページとなり、若い世代のファッショントレンドとして「ガングロ」「コギャル」が生まれた。

2000年代
すっきり、きれい、清楚系の着こなし

上品できれいな色・柄の落ち着いた印象の制服が多くの学校で採用され、生徒にも人気となった。選択可能なアイテムも、学校生活がしやすく、実用的なものが中心となっている。全国共通の流行りよりも、学校ごとのスタイルが重視される傾向にある。

2010年代
いつも着ていたくなる制服へ

制服はさまざまな工夫を重ね、機能や着やすさ、素材がめざましい改良を遂げている。お気に入りの制服を着崩さず、そのまま着用することが主流となっており、制服は生徒を校則でしばるものから着ていたくなる服装へと変化してきた。一方で日本の制服スタイルは、諸外国でも他に類を見ないファッション文化の一つとして注目を集めている。

本書は2019年春開催の弥生美術館企画展「ニッポン制服百年史」の内容をまとめた書籍で、私はこの展覧会を担当する学芸員です。

本書を刊行するにあたり、まずは2018年春に開催した「セーラー服と女学生」展にご来館いただいた皆様に御礼を申し上げます。来館者からの予想を上回る反響の大きさに、正直、目を丸くしました。「自分の制服はこうだった」「こういう制服に憧れていた」といった〈制服トーク〉があちこちで囁かれ、会場に置いた大学ノートにはびっしりと感想が書き込まれていました。これまで長年の知り合いであった方が、展示をご覧になった後に自分が着ていた制服について熱く語り出し、新たな一面を知ることもしばしばでした。

ご来館いただいた皆様からは、学生服には、老若男女を問わず、誰とでも語りあえる間口の広さがあることを教えていただきました。その一方で、これが奥深いテーマであることにも気づかされました。学生服という観点から、日本の社会や文化をみると、これまでとは違った何かが見えるのではないか？　展覧会開催をきっかけに知り合った制服業界の方々、研究者の方々にご教示いただきながらまとめたのが本書です。一つの展覧会から次なるテーマが見つかったのですから、学芸員としてこれほど嬉しいことはありません。

そして、本書に作品・原稿をお寄せいただきました先生方、ご協力いただきました学校関係者の皆様、ご協力いただきました皆々様に心より御礼申し上げます。菅公学生服株式会社をはじめとする制服メーカー各社には全面的にご協力いただきました。制服業界で働く皆様の奮闘ぶりを、本書によって少しでも伝えられたら幸いです。

本づくりに伴走してくださった、写真家の大橋愛さん、マツダオフィスの日向麻梨子さん、河出書房新社の村松恭子さん、ありがとうございました。

最後に、本書を監修してくださいました森伸之先生に心より御礼申し上げます。前著『セーラー服と女学生』（河出書房新社　2018年）に引き続き、先生が長年培ってこられた成果や知識を惜しみなく伝えてくださいました。先生のおかげで、新たな出会いにも恵まれました。一から ご指導いただき、ありがとうございました。

本書は制服について考え、制服を愛する方々が、各方面から集まり、総力を挙げて編み上げたものです。日本人の生活にすっかり根づき、当たり前のようにある学生服が、日本人の好みや気質を考える上で、興味の尽きない題材であることに気づいていただければ幸いです。

2019年3月　　内田静枝

協力者（五〇音順・敬称略）

本書にご執筆いただいた方々

青木光恵
江口寿史
和遥キナ
かとうれい
今日マチ子
久保友香
栗原尚子
佐藤ざくり
佐野勝彦
藤井みほな
細田裕美
水元ゆうみ
森 伸之

本書にご協力いただいた学校

京都市立京都工学院高等学校
群馬県立伊勢崎清明高等学校
頌栄女子学院 中学校・高等学校
大東文化大学第一高等学校
千葉県立千葉女子高等学校
福岡県立福岡中央高等学校
福島県立葵高等学校
宮崎県立宮崎大宮高等学校
山脇学園中学校・高等学校

本書にご協力いただいた会社

株式会社明石スクールユニフォームカンパニー
株式会社太田出版
株式会社オサレカンパニー
菅公学生服株式会社
協同精版印刷株式会社
株式会社このみ
株式会社サラト
株式会社集英社
株式会社タカラトミー
株式会社トンボ
白元アース株式会社
株式会社ハルタ
株式会社ラフェイス

本書にご協力いただいた方々

相浦孝行
安達信子
伊賀千紘
伊賀崎真
池田正央
石橋尭之
今井 純
大橋 愛
岡見清明
奥田実紀
尾﨑嘉彦
小西由美子
佐伯奈々
榊原 隆
砂田浩彰
治部智宏
竹内祐二
竹内陽子
外舘恵子
中神響子
難波知子
服部聖子
羽冨裕也
浜砂ゆき
春田 勲
吉川淳稔

主要参考文献

・森伸之著『制服通りの午後』１９９６年 東京書籍
・森伸之著『私学制服手帖 エレガント篇』２００６年 みくに出版
・森伸之著『女子校制服手帖』２０１８年 河出書房新社
・佐野勝彦著『女子高生 制服路上観察』２０１７年 光文社
・内田静枝編著『セーラー服と女学生』２０１８年 河出書房新社
・難波知子著『学校制服の文化史 日本近代における女子生徒服装の変遷』２０１２年 創元社
・難波知子著『近代日本学校制服図録』２０１６年 創元社
・奥田実紀著『図説 タータン・チェックの歴史』２０１３年 河出書房新社
・富田智子他著『タータン』２０１８年 青幻舎
・学研まんがでよくわかるシリーズ36『学生服のひみつ』２００８年 学習研究社
・倉敷ファッションセンター株式会社編『おかやまのせんい vol.3 特集「岡山県学生服製造１００年」』２０１８年 岡山県産業労働部産業振興課
・株式会社トンボユニフォーム研究室編『SCHOOLER REPORT』株式会社トンボ 開発本部ユニフォーム研究室
・株式会社トンボユニフォーム研究室 佐野勝彦・節句田恵美編著『学ぶスタイルの変遷』２００８年 株式会社トンボ
・株式会社トンボユニフォーム研究室 佐野勝彦編著『世界の学校制服』２０１５年 株式会社トンボ

［監修者紹介］

森 伸之（もり・のぶゆき）

1961年、東京生まれ。國學院大學文学部卒業。イラストレーター・制服研究者。

美学校考現学研究室において、現代芸術家・赤瀬川原平氏に師事。

おもな著書に『東京女子高制服図鑑』（弓立社）、『私学制服手帖 エレガント篇』（みくに出版）、

『制服通りの午後』（東京書籍）、『東京路上人物図鑑』（小学館）、『アンナミラーズで制服を』（双葉社）、

『OL制服図鑑』（読売新聞社）、『女子校制服手帖』（河出書房新社）など多数。

［編著者紹介］

内田静枝（うちだ・しずえ）

1969年、埼玉県生まれ。玉川大学大学院文学研究科修士課程修了。
おもな編著に『女學生手帖』『中原淳一』『村岡花子の世界』『セーラー服と女学生』（いずれも河出書房新社）、
監修に「『少女の友』創刊100周年記念号」（実業之日本社）などがある。

［撮影］ 大橋 愛

ニッポン制服百年史

女学生服がポップカルチャーになった！

2019年3月20日 初版印刷
2019年3月30日 初版発行

監修者 森 伸之
編著者 内田静枝
発行者 小野寺優
発行所 株式会社河出書房新社
〒151-0051 東京都渋谷区千駄ヶ谷2-32-2
電話 03-3404-1201（営業）
03-3404-8611（編集）
http://www.kawade.co.jp/
装幀・レイアウト 松田行正＋日向麻梨子
印刷 凸版印刷株式会社
製本 大口製本印刷株式会社
Printed in Japan

ISBN978-4-309-75036-1